VOGUE ON

エルザ・スキャパレリ

著者
ジュディス・ワット

翻訳者
武田 裕子

デビューまでの軌跡 6

完全なるシンプリシティ 18

モード界の旋風 42

不可思議に、そして美しく 72

戦時下のクチュリエ 140

索引 156

参考文献 158

図版クレジット 158

最近新たに見つかった、アーウィン・ブルメンフェルドによるスキャパレリのポートレート。撮影『ヴォーグ』、1938年。

1頁 スキャパレリを象徴するショッキング・ピンクの大きな蝶結びを腰にあしらった1947年のデザイン。ホルスト・P・ホルスト撮影。

3頁 フィッティング中のスキャパレリ。エリック（カール・エリクソン）によるスケッチ。

決められたコースをたどる人生なんて、
なんの興味も持てなかった

エルザ・スキャパレリ

デビューまでの軌跡

『ヴォーグ』で撮影された、羽毛の襟巻きを巻いた
エルザ・スキャパレリのポートレート。
ジョージ・ホイニンゲン＝ヒューン撮影、1932年。

エルザ・スキャパレリがファッションデザイナーとして『ヴォーグ』誌上にデビューを果たしたのは1927年11月。その後10年以上にわたり、彼女は宿敵のガブリエル・"ココ"・シャネルとともに、『ヴォーグ』のみならずファッション界に君臨することになる。「スキャパレリは、その手に感電装置(ショックデバイス)を持って生まれた」。『ヴォーグ』の元ファッション編集者、ベティーナ・バラードは1960年出版の回想録『In My Fashion(私のファッション)』でこう語る。師と仰ぐフランス人クチュリエのポール・ポワレと同様に、スキャパレリもまた一流の芸術家、イラストレーター、写真家とともに仕事をした。だがその交流はさらに深く、ジャン・コクトーやエドゥアルド・ベニート、サルバドール・ダリといった超現実主義(シュルレアリスム)運動の中心的人物と行動をともにしていた。このクリエイティブな面々もまた『ヴォーグ』に携わっており、したがってシュルレアリストの写真でにぎわう同誌が、スキャパレリの芸術家クチュリエールという称号の誕生に一役買ったと言えるだろう。彼女を数多くカメラに収めた気鋭の写真家、エドワード・スタイケン、ジョージ・ホイニンゲン＝ヒューン、セシル・ビートン、ホルスト・P・ホルストらによる象徴的なポートレートを掲載し、『ヴォーグ』はこのきわめて異彩を放つデザイナーを鮮明に記すバイオグラフィとなった。

　だがスキャパレリの作品すべてがシュルレアリスムの流れをくんでいたわけではない。彼女のデザインは、遊び心あふれるスポーツウエアから体にぴったり沿ったシルエットへと移行する。女性の肩とウエストを目立たせ、お尻を官能的に強調し、性的できわどいシンボリズムを表現していく。その布使い、ジュエリーや小物のあしらい、そして新たなファッションカラーとして発案した"ショッキング・ピンク"は、作品に独自のモダンさを吹き込んだ。彼女は東洋哲学にも傾倒し、その精神的で神秘的な世界観ゆえに、単なる商業ベースから離れたところに服づくりの方向性を見いだした（もっとも彼女は鋭いビジネスセンスも備えていた）。

　イヴ・サンローラン、ジャンポール・ゴルチエ、スティーヴン・ジョーンズ、そして同じく先進的かつ独創的なアレキサンダー・マックイーンに影響を与えたスキャパレリは、自分自身をあくまでも芸術家と考えていた。持ち前の「大胆さと力強さ」でファッションリーダーたちを先導し、彼らの好みに迎合することはなかった。現在その名前は、活気あふれる激動の1930年代を牽引し、野心的なライバル、シャネルとの一騎討ちで今なお人々を魅了し楽しませ、さらにその革新的な精神でインスピレーションを与え続ける、類いまれな才能の持ち主として語り継がれている。

エルザ・ルイーザ・マリア・スキャパレリは1890年9月10日、ローマに生まれた。1954年出版の自伝『ショッキング・ピンクを生んだ女*』で語られた言葉から、感受性が強く多感な子どもで、容姿に自信がなく、強い意志を持った高潔な反逆者という人物像が浮かんでくる。スキャパレリは裕福な中産階級の生まれだが、注目すべきは、その家系が学者筋の知識階級にあったことだ。母親のマリア゠ルイーザはマルタ島生まれで、イタリア人、スコットランド人、エジプト人の血を引き、つねづね次女のスキャパレリにおまえは不器量だと言い聞かせた。父親のチェレスティーノは東洋学者でローマ大学学部長の職に就き、リンチェイ王位アカデミーの図書館長を務めた。スキャパレリの生まれたコルシーニ宮殿内にあるこの図書館は、芸術・文学・科学・歴史書物の宝庫だった。伯父のジョヴァンニは高名な天文学者、父のいとこのエルネストは古代エジプト王家の谷で重要な発見をした有名なエジプト学者、そして冒険心に富んだとびきり魅力的な伯母のリリアンは、旅先から「エキゾチックで素敵なもの」を送ってくれた。彼らすべてがスキャパレリに影響を与え、過ぎ去った古代に、未来における科学の可能性に、そして東洋という"異教徒の"世界に興味を抱かせたのだった。スキャパレリは言う。子ども時代も、大人になってからも「決められたコースをたどる人生なんて、なんの興味も持てなかった」

幼いころのスキャパレリを突き動かしていたのは美への執着だった。乳母車からぶら下がって見える強烈なピンク色のベゴニアが大好きで、自分の顔をお花畑にしようと耳や鼻やのどに種を"蒔いた"。屋根裏部屋にしまわれていた母親のウェディングドレスや母の若いころの洋服にうっとりし、1870年代や80年代に思いをはせた。女性の体のラインを一変させるバッスル*2やパッドにはとりわけ魅了された。仮装、そして衣服とファッションの両義性という、彼女の代表作にあまりにも重要な意味を持つこれらのテーマは、さかのぼればローマで過ごした幼少時代に端を発したものだったのだ。

スキャパレリは、社交界でかの有名な公爵夫人ルイーザ・カサーティとの出会いの様子を回想している。夫人は飼っていたチーターの一頭にダイヤモンドのリードをつけて連れてきたのだ。過激で、奇抜で、生きた芸術にならんとしていた彼女を、スキャパレリは「輝かしき時代の空想の象徴」と表現している。実際、芸術家とデザイナーのどちらにとってもインスピレーション源となったカサーティ夫

* 邦訳は2008年
*2 スカートの後部をふくらませるために用いられた腰当て

人は、単なる怪物(キメラ)ではなかった。自身の外見が及ぼす影響力を理解し、芸術家との交流を持ちながら彼らを後援したその姿は、スキャパレリの心に響くものだった。後にスキャパレリのサロンは芸術家とデザイナーが集う場所となっていった。

　少女のころ、スキャパレリはローマ大学の哲学の講義に潜り込み、『未来派宣言』を発表したフィリッポ・マリネッティが展開する理論に耳を傾けた。絵を描き、詩をつくり、1911年には『アレトゥーサ』というタイトルの薄い詩集を出版した。社交界にデビューしたころの彼女は自らあだっぽく振る舞うことを好み、取り巻きたちに藤色(哀悼の色)を身につけさせて楽しんでいる。退屈していたのは明らかで、生涯を通じて経験する鬱(うつ)の症状にも見舞われていた。1913年、しつこい取り巻きの視線にうんざりしたあげく、ベビーシッターとして働こうとイギリスに向かった。途中立ち寄ったパリでは、その街にすっかり魅了された。折しもこの年、ロシアの舞踏家ニジンスキーが革新的デザイナーのレオン・バクストによる衣装でストラヴィンスキー作曲『春の祭典』を舞っていた*。それは型にはまらないスキャパレリの琴線に触れるものだった。彼女はバクスト風のブルーとオレンジのドレスで舞踏会に出かけ、生まれて初めてタンゴを踊った。まさに文化の花咲き誇るパリの魅力に飲み込まれ、世間知らずで情熱的なうら若き乙女は、初めて純粋な喜びに満ちあふれた。そしていつかこの街に戻ることを心に誓ったのだった。

　ロンドンでは講義を聴いたり、画廊を見てまわったりした。そして戦争勃発(ぼっぱつ)を間近に控えた1914年8月、彼女は若きポーランド人神智学者、ウィリアム・ウェント・ド・ケルロル伯爵の講義を聴くことになる。金髪でハンサムなこの青年は、「肉体を支配する魂の力、魔力、永遠の若さ」といった観念論を語った。持参金を抱えた無垢なスキャパレリは彼のとりこになった。ふたりは一晩中魂(ソウル)について語り合い(当時、"魂の友(ソウルメイト)"は芸術家たちのあいだでは婉曲的に"愛人"を意味した)、朝には婚約していた。結婚式は登記所で行われた。もっとも彼女の記憶のなかでは、この日は婦人参政権論者による抗議運動で台無しにされている。花嫁の目には、「逆上した男勝りの女たちは、ひとりひとりでも群れになっても醜悪」に映ったのだった。(スキャパレリはつねづね自分はフェミニストではないと主張していた。)ドイツに対して宣戦布告がなされたとき、新婚のふたりはイギリスを離れて夫の家族が住むフランス南部のニースへと向かった。

＊ バクストは『青い神』や『遊戯』などでニジンスキーの舞台衣装を手がけたが、『春の祭典』の衣装デザインはニコライ・レーリヒが担当したとされている

言うに及ばず、この結婚は失敗だった。スキャパレリは言う。「私には自分の居場所がわからなかった。夫はまるでふわりふわりと空を漂う雲のように振る舞った」。ケルロルには女遊びの性癖があり、そのうえ生計を立てるという厳しい現実に嫌気がさした彼はスキャパレリの持参金で生活した。ケルロルは、アメリカならば自分にももっとチャンスがあるはずだと、そして妻の持参金があるうちにと思い立ち、1916年4月20日、ふたりはニューヨークに向かう船に乗った。偶然にも同乗していたのが、ダダイズムの芸術家で作家のフランシス・ピカビアの妻、ガブリエルだった。彼らとの友情は後にスキャパレリの人生と仕事に絶大なる影響を及ぼすことになる。

　ケルロル夫妻はボヘミアンの集うグリニッジ・ヴィレッジに引き寄せられ、フランス人びいきのブレヴールホテルでの生活を始めた。前衛芸術家の拠点となるこの界隈(かいわい)にはピカビア夫妻だけでなく、やはりダダイストのマルセル・デュシャン、キュビストのアルベール・グレーズ、写真家のマン・レイ(スキャパレリは1920年に初めて被写体になった)やエドワード・スタイケン(両者とは後に『ヴォーグ』の仕事をともにした)らが暮らしていた。近代化の波に乗るニューヨークの街で、移民の芸術家たちはヨーロッパ伝統の紳士服の形式美を捨て去り、派手なツイードのスポーツジャケットにけばけばしいシカゴネクタイとダービーハットを身につけた。この街は古い世界観に新たなエネルギーを注ぎ込んだ。マンハッタンにそびえ立つ幾何学模様の摩天楼、ネオンの光、格子状に整った街区、すべてがキュビスム*につながっていた。ピカビアいわく、「近代社会の機械装置が20世紀の新たな美意識を呼び起こした」。だが異端児のスキャパレリは、自分たちの部屋を年代物の家具や工芸品で飾った。キュビスム、幾何学デザイン、ニューヨークのダイナミズムといった要素が彼女の発想に生かされたのはパリに戻ってからであり、それらは商業的な成功を収めた初期のスポーツウエアのデザインに反映されている。

香水（ススィ、サリュー、スキャップ）の反転したポートレート広告ではスキャパレリ自らが"顔"となった。

　若い夫婦は住まいを転々とした。伯爵夫人とは名ばかりで、スキャパレリはウォール街の証券会社で相場表示機の記録係や、ポール・ポワレの妹でデザイナーのニコル・グルーの服のセールスなど、いくつもの職に就いた。それは、後に彼女を強力に後押しし、社交界の花形や志高き婦人たちを対象読者に持ち、帽子と手袋を身につけた女性たちの働く雑誌、『ヴォーグ』の世界とはおよそかけ離

＊立体主義派

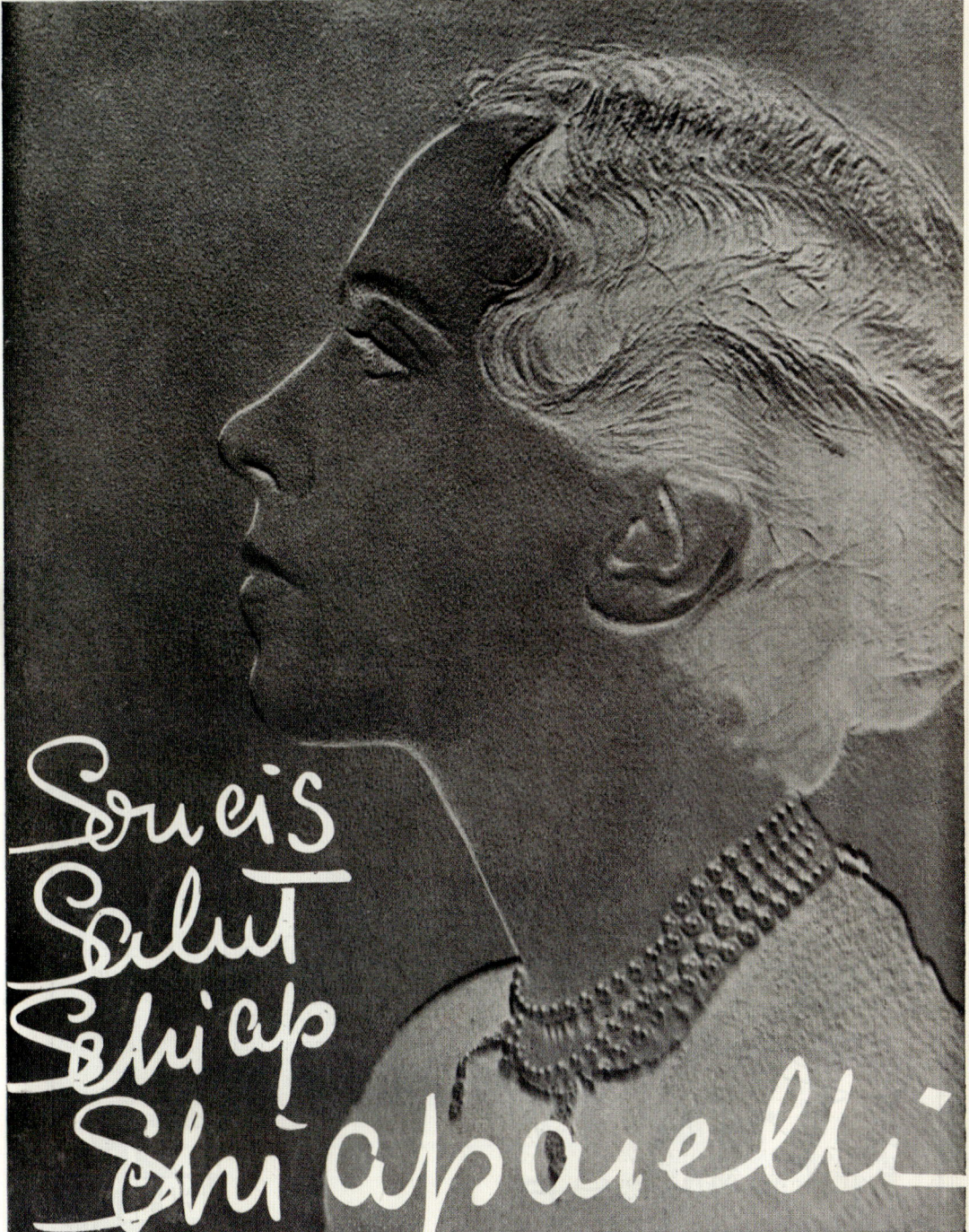

4, rue de la paix   les parfums originaux   paris

れたものだった。1920年、スキャパレリは娘のマリア・ルイーザ（愛称"ゴーゴー"）を出産し、その後まもなくケルロルに捨てられる。後に「こんなにも深く心を傷つけられ、こんなにも残酷にプライドを踏みにじられる経験など、めったにありはしない」と語っている。夫のせいで持参金はみるみる底をついたが、ガブリエル・ピカビアとその友人のブランチ・ヘイズの助けを借りながら懸命に働き、うんざりするほどの貧困と鬱々とした気分をどうにかしようと必死だった。そして1922年、フランスに帰国する。ヘイズがスキャパレリとゴーゴーの分まで渡航費を払ってくれたのだった。

　パリに着くと、スキャパレリはガブリエル・ピカビアの家に滞在し、夫人のドレスをデザインして仕立てたり、裕福な米国人のガイド役をしたりして働いた。ある日、ヘイズの友人で金持ちの米国人とともにポール・ポワレのメゾンに出かけた。初めて訪れたオートクチュールの店で出会ったのは、彼女が「同時代のもっとも偉大な芸術家」と考え、後に「ファッション界のレオナルド・ダ・ヴィンチ」と呼んだデザイナーだった。スキャパレリは、椅子の張り地のような黒いベルベットで大きくゆったりと仕立てられたコートに袖を通してみた。太くはっきりした縞模様が入り、裏地は鮮やかなブルーのクレープデシンだった。「それはすばらしかった」と彼女は言う。「あなたならどこにだって着ていかれますよ」ポワレはそう言ってすぐさま彼女にコートを贈ったのだった。

　1913年の『ヴォーグ』は、ポール・ポワレを称して「シンプリシティの預言者。いつもながら独創的、いつもながら見事だ」と表現した。彼は芸術家とのコラボレーションを果たした最初の服飾デザイナーだった。だが、1920年ころにはポワレの栄光に陰りが見え始める。贅をこらし装飾をちりばめた意匠は、戦争の影響で女性が男性の役割を担うようになる以前の、つまりは婦人参政権を得る以前の時代の産物だと見なされたのだ。カクテル、ハイスピードの自動車、ナイトクラブ、"陽気な若き人々"（ブライト・ヤング・シングス）が興じるパーティ三昧の生活――ジャズエイジが幕を開けようとしていた。1921年、『ヴォーグ』は「20世紀を代表する現代女性よりも、少しばかりはかなくふんわりした、女性らしいスタイルはないものか」と控えめに述べた。

　ポワレはスキャパレリのなかに何を見たのか？ 紛れもなく並外れた個人主義の"ジョリーレード"（jolie laide）（文字どおり"不器量だが美しい"という型にはまらない魅力）、

スキャパレリのジッパー使いはファッションデザイン界に革命を起こし、遊び心あるアイコンのひとつとなった。

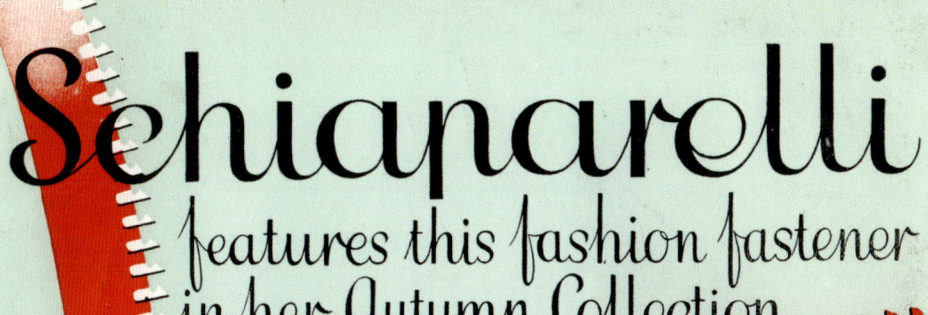

Schiaparelli
features this fashion fastener in her Autumn Collection

To fasten Scotch tweeds, finest Lyons silks, heavy Ottomans and cobweb British woollens, Schiaparelli uses either self-toning fasteners unobtrusively, with plastic teeth and tape to match, or contrasting colours—red on green, blue on red—to charm the eye with their decorative value.

She fits them cleverly on shoulders, sleeves and skirts; to front, side and back openings and to pockets: for the smooth, swift fastening of

EVENING, TOWN AND SPORTS WEAR

'LIGHTNING'
TRADE MARK
PLASTIC FASTENER

Sole Manufacturers:
LIGHTNING FASTENERS LTD.
(A subsidiary company of Imperial Chemical Industries Ltd.)
KYNOCH WORKS, WITTON, BIRMINGHAM, 6.
London Sales Office: Thames House, Millbank, S.W.1.   Telephone: Victoria 3828.

LE SWEATER DE LAINE TRICOTÉE

ON RENOUVELLE SA DÉCORATION

SCHIAPARELLI

(Ci-dessous) Les rayures noires sur gris dessinent ici une sorte d'empiècement, répété devant et dans le dos. Le feutre gris à ruban gros-grain noir est d'Agnès

SCHIAPARELLI

(Ci-desssous) La disposition originale des rectangles blancs, se détachant sur le fond brun fait tout le chic de ce chandail, spécialement dessiné pour le sport

Photos Hoyningen-Huene

SCHIAPARELLI

(En haut, au centre) Des taches minuscules forment, sur ce sweater de laine beige, une décoration différente des rayures. Un liseré brun souligne le bord de l'encolure et la monture du poignet. Ces chandails, entièrement tricotés à la main, conviennent aussi bien pour la ville que pour le plein air

そして独自のスタイルを持つ女性の姿であろう。そこにはすぐに友情がめばえ、やがてスキャパレリはポワレの広告塔となった。きゃしゃな体つきで短い髪がセラック*のように艶やかな彼女は、人の姿を一変させる洋服というものを愛し、自分の意識のなかでも醜いアヒルの子から白鳥へと変身していった。「私がどんな姿で現れるか誰にもわからなかった。ときには流行の最先端をいった。ときには普段の自分の服を着て、まるで器量の悪い妹のような格好で現れた」。デッサンや絵を描くのはまずまず得意で、ファッションセンスも持ち合わせていたため、彼女が服のデザインを始めるのも時間の問題だった。自分のデザインをいくつかのメゾンに売り込み（もっともマギー・ルフのメゾンでは、畑でジャガイモでもつくっていたほうがいいと言われた）、そのひとつがメゾン・ランバルだった。1925年にはブランチ・ヘイズの友人がこの会社を買い取り、デザイナーとして"スキャップ"（自らをこう呼ぶ）を登用した。1926年になると、彼女は自らのブランドを立ち上げるに十分の自信を持っていた。

初めて『ヴォーグ』に掲載されたスキャパレリの作品。1927年発表のデイウエアのデビューコレクション「ディスプレイNo.1」より。ホイニンゲン＝ヒューン撮影。

1926年5月、『ヴォーグ』はワードローブの配色術を指南した。「単色の時代は終わり。3色の組み合わせはこの上なくお洒落。でもいちばん経済的なのは2色使い…極めつけの組み合わせはブラウンとベージュ、黒と白だ。モード界にブラックが復活した今、最新のイヴニングウエアは洗練の極みである」。スキャパレリはブランドのデビューコレクションで、どちらの色合わせも取り入れている。

「ディスプレイNo.1」というコレクションは、ユニベルシテ通り20番地のアパルトマンで1927年1月に発表された。このうち3型がホイニンゲン＝ヒューンによる撮影でフランス版『ヴォーグ』2月号に掲載されている。キャプションには簡潔に「スキャパレリ」と書かれ、スタイリッシュな3種類のセーターがそれぞれ正面、背面、側面からのアングルではっきりととらえられている。立方体や直線、長方形、角といったバウハウスの影響を感じさせるデザインが2型、もう1型はベージュ地に黒いドットをランダムにちりばめたデザインだった。当時の"流行"に見られる一般的なストライプとは「まるで異なる」と『ヴォーグ』は表現した。だがスキャパレリが求めたのは、ライバルたちから一線を画する圧倒的な違いを打ち出して衝撃を与えることだった。そこでまわりの人脈に目を向け、当時議論の的となっていたシュルレアリスムという新たな潮流からアイディアを見いだそうとしたのだった。

*ワニスなどの原料となる天然樹脂の一種

私のメゾンではふたつの言葉が
タブーとされていた——
ひとつは"創造"、
もうひとつは"不可能"である

エルザ・スキャパレリ

完全なるシンプリシティ

1927年から1930年にかけて、スキャパレリは好敵手シャネルとともに両大戦間のモード界を支配する2大デザイナーとなる。新たなキャリアを始動させるにあたって選んだのは、一見意外にも思えるが、ニットウエアのデザインだった。スキャパレリはある意味、時代の精神に足を踏み入れようとしていたのだ。「数年前にはスポーツウエアなどフランスのクチュリエからは見向きもされなかった。それが今や、ほぼ全メゾンのコレクションに登場している」と『ヴォーグ』は伝えた。「スポーツ用（ブル・ル・スポール）」のデイウエアは、『ヴォーグ』が理想とする細くしなやかで少年のような（作家のコレットは1925年に「短く、平たく、幾何学的で四角張った、言わば平行四辺形の輪郭」と描写した）現代女性のためのものだった。すでにシャネルは、鮮やかだが落ち着いた色調のウールのニットブラウスを世に送り出していた。スキャパレリの次なる作品をライバルたちのそれから際立たせていたのは、驚くほどのシュルレアリスム色である。それはニューヨーク時代と、パリでの社交界の両方から受けた影響を織り交ぜたものだった。

シュルレアリスムとは、1917年にフランス人作家ギヨーム・アポリネールによって生み出された造語で、「現実を超越した（超現実的）表現の一形態であり、驚きという強い要素を伴うもの」(Mackrell 2005)を意味する。1924年、アンドレ・ブルトンは最初の『シュルレアリスム宣言』を発表してこの運動を提唱した。彼は、シュルレアリスムとは「理性によって行使されるどんな統制もなく、美学上ないし道徳上のどんな気づかいからもはなれた思考の書きとり」（『シュルレアリスム宣言・溶ける魚』アンドレ・ブルトン著、巖谷國士訳、岩波文庫1992年）と定義している。この思想はまず作家集団を魅了し、続いてマックス・エルンストやジャン・コクトー、マルセル・デュシャン、ジョルジオ・デ・キリコ、ホアン・ミロ、ルネ・マグリット、マン・レイなどの芸術家や写真家たちの心をつかんでいった。

　1925年には『現代装飾美術・産業美術国際博覧会』が開催され、アール・デコ様式の勢いは頂点に達した。同年、初の『シュルレアリスト絵画展』がピエール画廊で開かれる。翌3月には『ヴォーグ』の写真家で芸術家のマン・レイによる展覧会が、新たに開設されたシュルレアリスト画廊で催された。ダダから発展したこの芸術運動が目指したところは、「世界の変革」(Mackrell 2005)だった。シュルレアリスムは、精神分析学者ジークムント・フロイトの言葉に強い影響を受

け、無意識、霊感的想像力、夢、神秘主義、願望といった「内なる自身からの真の声」に関心を置くものだ。当時、『ヴォーグ』のパリ特派員を務めていた、奔放な急進派のナンシー・キュナードは、「シュルレアリストはパリで話題の人たち」だと語った。

　スキャパレリはニューヨーク時代からシュルレアリストたちと交流を持ち、友人であるマックス・エルンストの「フロッタージュ（こすり出し）」という技法を、1928年春夏コレクションのニットウエアの装飾に用いた。フロッタージュとは、目の粗い床板に紙をのせて上から黒鉛でこすることで表面模様を写し取るという、1925年にエルンストによって"発見された"美術技法だ。エルンストは木目以外の表面でもこのやり方を試み、質感と奥行きを増した作品づくりに活用した。

　このフロッタージュという技法を、スキャパレリは新たな形で取り入れた。ある日、友人の着ていた"野暮ったい"手編みのセーターを目にしたスキャパレリは、そのなかに"定番"のスタイルを見いだす。それは、腕のいいアローズィアグ・ミカエリアン（通称"マイク"）というアルメニア人によって編まれたセーターだった。おそらくスキャパレリは、そのざっくりとした素朴な風合いが、なめらかな機械編みのそれとは対照の妙をなすと解したのだろう。彼女は"マイク"のもとを訪ね、スケッチを見ればそのとおりの形にできるかと訊いた。そして、黒地の前身ごろにトロンプルイユ（だまし絵）で大きな白の蝶結びを描いたセーターをスケッチし、黒地の下からは白糸が透けて見えるようにと指示した。でき上がったセーターには、フロッタージュさながらのグレーがかった二次元的効果があった。

　スキャパレリの代表作となった「蝶結び」セーターの逸話は有名であり、自伝での記述はいくぶん不十分だと言えよう。フランス版『ヴォーグ』編集長（1927-29年）のマン・ボシェ（後のクチュリエ、マンボシェ）は、スキャパレリが注目株だと見抜いていた。そこでセカンド・コレクション前日、彼はボーイフレンドの英国人イラストレーター、ダグラス・ポラードなどモード界のオピニオンリーダーを集めたホテル・リッツでの昼食会に彼女を招待したのだ。スキャパレリにとっては、新作コレクションの目玉を披露する、まさに絶好のチャンスだった。セーターをまとい、わざと遅れて登場した彼女は、「大絶賛を浴び、（中略）女性たちは皆すぐにこのセーターを欲しがった」

ボシェはクリスマス特集号にと考え、ポラードにセーターの挿絵を描かせた。これが大当たりだった。『ヴォーグ』としてはもちろんだが、ポラードにとっても華々しい結果となった。1922年から同誌の仕事をしていた彼は、独自のエレガントな画風を確立し、ボシェとともに『ヴォーグ』誌上で「ヴィオラ・パリ」というお洒落な理想の女性像をつくり上げていた。ポラードが描いた「蝶結び」セーターの女性は、『ヴォーグ』3誌（イギリス版・アメリカ版・フランス版）の12月号に登場した。見出しは太字で「スキャパレリ」とあり、「色のブレンドがもたらした勝利――まさに芸術的傑作」と宣言している。このように、スキャパレリの作品を芸術と結びつけて明言したのは『ヴォーグ』が初めてだった。また自身で言及したことはないが、彼女が発表した最初のシリーズには、視覚のフロッタージュ、感触のフロッタージュ、そして性的対象としてのフロッタージュという3つの意味が暗示されていた。着る人の潜在意識下に眠る性的願望を写し出すというこの手法は、後の代表作、サルバドール・ダリとの共同作品でも主題として繰り返し表現されることになる。

1928年春夏「ディスプレイNo.2」コレクションより「蝶結び」セーター。ダグラス・ポラード画。

　この成功の後、スキャパレリは友人のペギー・グッゲンハイムからアメリカ人バイヤーを紹介され、手編みのセーターとそれに合わせたスカート各40着の注文を受けた。彼女は最初の難関に直面した。この大量注文をどう乗りきるか？ スキャパレリはこう語る。「私のメゾンではふたつの言葉がタブーとされていた――ひとつは"創造"、もうひとつは"不可能"である」。これまでに苦境を乗り越え、またつねに実践主義者であった彼女は、納期を死守した。スカートはギャラリー・ラファイエットの特売品コーナーで買ったクレープ地で仕立てた。そして色違いで展開したセーターは、アルメニア人コミュニティから編み手を集ってつくり上げた。スキャパレリは11月に米国の高級市場向け販売会社ウィリアム・H・ダビドゥ&サンズ・カンパニーと契約を結び、12月5日には、イコールパートナーのチャールズ・カーンから10万フランの出資を受けてフランスで会社登録するに至った。そして新たに仕事場をラ・ペ通り4番地の屋根裏部屋に移し、サロンを黒と白の装飾で統一した。入り口扉の看板には、白地に黒の太字で「スキャパレリ」と書かれ、その下には「スポーツ用〔ブル・ル・スポール〕」という文字が添えられていた。

スキャパレリの「蝶結び」セーターを注文した初めての個人客には、『紳士は金髪がお好き』(1925年)の原作者アニタ・ルースや、マイケル・アーレンの小説『The Green Hat』(1924年)に登場する悲劇のヒロイン、アイリス・ストームのモデルとなったナンシー・キュナードなどがいた。スキャパレリによると、すぐにホテル・リッツはこのセーターを着た女性たちでいっぱいになり、セーターはアメリカの量販店向け卸売業者に真似された(米国雑誌『レディース・ホームジャーナル』1928年11月号は、スキャパレリの名前にも触れずにセーターの型紙を掲載した)。1931年になると、筒型に編んだニット帽で、頭の形に合わせてスタイルを変えられる「マッド・キャップ」姿のハリウッドスター、アイナ・クレアの写真が『ヴォーグ』に掲載された。この帽子はすぐに米国メーカーに真似され、「蝶結び」セーターと同じく巷にあふれかえった。コピーしたメーカーは「何百万ドル」も稼いだ一方、彼女はそれだけ稼ぎはしなかったとスキャパレリは語る。それでも、自分の作品が大衆市場向けにコピーされることに対して、彼女の受け止め方は現実的だった。コピー商品はつねに本物とは違って見えた。そしてそれには大きな宣伝効果があったと言う。「真似をされなくなったら、もはや魅力がないということ、話題性がなくなったということなのだ」

ハリウッドスターのアイナ・クレア。スキャパレリ横縞のツイードスーツに身を包み、多数のコピー商品を生んだ「マッド・キャップ」をつけている。ホイニンゲン=ヒューン撮影。

スキャパレリの突然の躍進は、女帝ココ・シャネルにとっては青天の霹靂だったに違いない。ライバルの成功がたちまち高級婦人服市場と大衆市場の両方に広がったのだからなおさらだ。「流行が巷に普及していくのはいいけれど、巷から流行が始まるというのはいかがなものか」というシャネルの言葉は有名だ。それゆえ、この大胆不敵な新参者イタリア人の成功を目の当たりにした直後の彼女の反応は、想像に難くない。スキャパレリにとって才気あふれるライバルは他にも、ジャン・パトゥ、マドレーヌ・ヴィオネやオーガスタバーナードなど(そして1929年以降はマンボシェ)がいた。だが、1929年から30年にかけて、実に1億2千万フランの売上高を計上したシャネルは、商業的成功という点で他の追随を許さない存在だった。

'貧乏は私に仕事をさせ、パリは私を仕事好きにした'

エルザ・スキャパレリ

1929年から1932年までアメリカ版『ヴォーグ』で編集者を務めたカーメル・スノーは、スキャパレリがシャネルの最大の天敵となった理由を鋭く見抜いている。著書『In The World of Carmel Snow』(1962年)のなかで、彼女はこう語った。シャネルは、ボシェの言葉を借りれば、アル・カポネの取り巻き連中のような「ごますりの側近たちを携え、どこへいくにも取り囲まれていたので、他の女性がどんな格好をしているのか実際には見えていなかったのだ。(中略)"シャネル自身"の装いとは別のスタイルを好む女性がいるなど、彼女にはおよそ信じ難いことだった」。スノーとボシェは洞察力の鋭い編集者であり、ともにシャネルの弱点に気づいていた。一方で、スキャパレリは自分が美しくはないと認識し、何年もかかって自身のスタイルを模索してきた。そうすることで、ファッションに関して女性は皆、個々にニーズや要望を持っているのだと知り、それぞれに合うスタイルを見つけて彼女たちの信頼を得ようと努めたのだった。

　スキャパレリのニットウエアには、入れ墨のモチーフ、上衣の前身ごろを"泳ぎまわる"巨大な熱帯魚、"X線"を通したような視覚的効果を狙ったトロンプルイユの骸骨セーターなど、遊び心や仕掛けが満載だった。しなやかなカシャ*を用いたぬめ感のあるニットは、体の輪郭をやわらかくかたどった。「単調さはまるでなかった」と彼女は語る。そんなウィットに富んだ作品のひとつを『ヴォーグ』は紹介している。装飾的なハンカチの片方を「この上なくお洒落」なゴルフ用ニットの腰に編み込み、もう片方を脇で結んだスタイルだ。スキャパレリのニットウエアも影響してか、1932年にはセーターは「じわじわと巧みに勢力を増し、今や世界中で市民権を得る」定番アイテムになったと『ヴォーグ』は報じた。

　この好機をとらえたスキャパレリは、展開アイテムを部屋着、肩や腰に巻くハンカチやスカーフ、ジャージー素材で上下つなぎのビーチウエア、水着、靴、帽子を含めるまでに拡大した。彼女のビーチウエアが『ヴォーグ』誌上に初披露されたのは1928年8月8日号、撮影はカーメル・スノーご指名のホイニンゲン=ヒューンだった。彼は、優れたファッション写真とは、「女性が普段どおりの環境で過ごす日常生活のひとコマを写し出したもの」(Burke 2005)であるべきだと語る。だが、パリの『ヴォーグ』スタジオで撮影された写真は、階上の脚だけの姿がモノトーンのドラマにシュルレアリスムの世界観を添え、幾何学的要素や影の効果を随所に用いた、演出の趣向をこらしたものだった。モデルは、スキャパレリいわく「とて

* ソフトな風合いで毛羽のある毛織物

VOGUE ON　エルザ・スキャパレリ

'私を信頼してくれる
女性たちのニーズに
絶えず触れながら、
彼女たちが
自分らしいタイプを
見つけられるよう
手助けしようとした'

エルザ・スキャパレリ

もきれいな女の子で、雷鳴が響くような個性を放つ」米国人のベティーナ・ジョーンズ（後のマダム・ベルジュリ）である。ファッションリーダーであり、スキャパレリ自身を彷彿させる雰囲気を持つ彼女は、社交界の美容師ムッシュ・アントワヌによる"新パリジャン"スタイルの髪に、手編みの横縞ワンピース水着とフランネルのショートパンツといういでたちで少年のようなイメージを醸し出した。

出版社のコンデナストは、『ヴォーグ』の他にも『ヴァニティ・フェア』、『ガゼット・デュ・ボントン』、『ジャルダン・デ・モード』といった雑誌を出版していた。『ジャルダン』はコゼット・フォジェルと夫のミシェル・ド・ブリュノフによる編集で、両者は『ガゼット』の創刊にも深くかかわっていた。『ヴォーグ』が最新流行のファッションを映し出す一方、『ジャルダン』の読者層は、自ら最先端をいくよりも流行に従うタイプの女性だった。そのため、同誌は服や小物の写真で読者を"仰天させる"ことはしていなかった。だが1929年7月15日号の『ジャルダン』は、スキャパレリの「ディスプレイNo.2」コレクションからリバーシブルのラップドレスを掲載した。黄色とオレンジのタッサーシルクの4枚布を交互にはぎ合わせ、身ごろが半分ずつ色違いの袖なしドレスで、両脇の紐をウエストで結ぶスタイルだ。1929年7月24日号の『ヴォーグ』はスキャパレリのビーチウエアをさらに打ち出し、ポワレの流れをくむ"東洋風"に前を打ち合わせた黒のシルクパンツに、黒いジャージーの上衣というスタイルを紹介した。やわらかなデザインが自然なフォルムを描き、ウエストとバストの復活が見られた。パトゥとシャネルは1929年にはすでに長い裾丈とより女性的なシルエットの夜会服を発表しており、『ヴォーグ』は「凝ったディテールや丈の長いスカートは見られるが、次なる流行が"若々しさ"という新たなテーマを持つことは明らかだ」と予測している。

ビーチウエア姿のベティーナ・ジョーンズをとらえたホイニンゲン＝ヒューンの代表作。左は写真家のホルスト。

次頁　スキャパレリはラップドレスをデザインした先駆者だった。ビーチウエアの挿絵に描かれた黄色とオレンジの絹のドレスには、彼女の色彩感覚やシンプルで巧みなカッティング技術（ポワレへのオマージュ）が表れている。他は、左からワース、ルロン、ランバンによるデザイン。

'スポーツウエアは、今やほぼ全メゾンの
コレクションに登場している'

ヴォーグ

VOGUE ON エルザ・スキャパレリ

'彼女は灼熱を愛し、
8月を愛し、海を愛する。
そしてまるで人生を
享受するかのように泳ぐ。
いちばんのお気に入り
は水辺。それから陸地。
空の旅は
いざというときだけ'

ジャネット・フラナー

「パリのクチュリエはビーチウエアに夢中」と題した1929年の『ヴォーグ』の特集。
右はスキャパレリの実用的かつ革新的なビーチウエア。黒のタッサーシルクのラップパンツに黒いシルクジャージーの上衣、小麦色の麻のジレにタオル地のトルコ風スカーフを合わせている。レイモン・ド・ラヴァルリー画。

1929年12月、ウォール街の株価大暴落によってコンデナストは経営難に直面し、ドイツ版『ヴォーグ』は休刊となった。誌面では、自信満々で軽佻浮薄なジャズエイジのトーンは影を潜めた。写真家のセシル・ビートンは1930年にニューヨークに赴いた際、『ヴォーグ』にこう伝えている。「贅沢と浪費は御法度である。たとえ金を失っていなくても破産したふりをすべきだ。今やどこで買って、何を着て、どんな発言をしても自由だが、あくまでもスタイルを持ってすること」

読者に対して、洗練されたスタイルは浪費よりも美徳だと『ヴォーグ』が指南するなか、スキャパレリは自らがスタイルをつくり上げ、果敢にも伝統のゆく先を見据える革新者だというイメージをアピールした。たとえば空路で旅する女性に向けたデザインを発表するなど、彼女は新たなアイディアをふくらませた。1929年には、友人のギャビー・デ・ロビラント伯爵夫人に飛行服をデザインしている。これは、ジャージースーツの上に羽織り、目的地に到着したらさっと脱ぐだけで"身支度が整う"よう意図されたものだった。エナメル革の羽型の飾りをつけたこの服は、有名な女性飛行士のアメリア・イアハートやエミー・ジョンソンにも着用された。また、このスーツからインスピレーションを得た作家のステラ・ギボンズは、1932年の風刺小説『Cold Comfort Farm』で主人公のフローラ・ポストにこれを着せ、時代を先取りした洗練さを表現した。

技術革新の進展とともに、スキャパレリは新たな化学繊維を取り入れるだけでなく、異なる織りが生む新しい風合いの素材開発(アルメニア人の素朴なニットを使って以来の念願だった)に着手できるようになった。フランスの繊維業者シャルル・コルコンベが、経済危機に対応しようと1929年に化学繊維、とくにレーヨンの生産に乗り出すと、スキャパレリはすぐにコルコンベと手を結んだ。1930年1月のサックス・フィフス・アヴェニューの広告で、彼女は熱心にこう語っている。「レーヨンは我々が生きている時代そのままに、明るく、色鮮やかで、輝いている。しなやかで扱いやすい上に見た目はとても豪華、(中略)そして完全に洗濯が利く」。スキャパレリの素材は、目の粗いウールのような質感や、新たな織りによって生まれた木の皮や綿ビロード、透明なロードファン*といった独自の風合いを持っていた。

* セロファンのような質感を持つ布地

1930年12月のスキャパレリのスキーウエアは防水ギャバジン製で、上着は工業用のスチールホックで留めるものだった。天才的なひらめきで、スキャパレリは新開発の工業用ファスナーもハイファッションに取り入れた。これらの留め具は現代生活に対する彼女の考え方を反映したものである。つまり、斬新でしかも実用性を兼ね備え、ボタンに代わって手早く留め外しができる利便性を女性たちに提供したのだ。これもまた未来を描くモチーフとして、時間に追われる生活のなかで女性が洋服を簡単に脱ぎ着する時代の表現として小説に登場している。西暦2540年を舞台としたオルダス・ハクスリー作『すばらしい新世界』(1932年)では、ヒロインのレーニナが着ていた合繊別珍の半ズボンのファスナーに主人公は大喜びし、「ファスナー、ファスナー、またファスナー」とすっかり気に入ったのだった。

ランバン（左）とスキャパレリの作品、ヒロン画。上着はグレーのギャバジン製で、ダブルの前打ち合わせにはボタンの代わりに6つのクランプ（締め金）。彼女の縞柄スカーフ（ここではグレーとラベンダー色）が流行のファッションアイテムになっていた。

　著名なアメリカ人作家、テレーズとルイーズのボニー姉妹は、1929年に自著『Shopping Guide to Paris』で、スキャパレリを「モード界の鼓動を感じ、一晩のうちに市場に現れて瞬間に成功した」明敏な人物と褒め称えた。「そのデザインが、自身の監督のもとで形になっていく。ひとりでデザイナーと監督者の二役を担うことに価値があり、彼女はその価値に見合った値段を商品につけている」。こうした流星のごとき成功は、ジャーナリストにとっては格好の題材だった。スキャパレリが本格的にモードの世界に足を踏み入れたのは、機も熟した37歳である。すでに自分のスタイルも確立されていた。それまでも長年デッサンやデザインをしていたし、さらにセールスウーマンとして、あるいはオートクチュールの広告塔としてファッション業界での経験も積んできた。ボニー姉妹が気に入ったのは、仕事に対する彼女の"やってやれぬことはない"という精神だった。1929年には、彼女は米国の主要百貨店および『レディース・ホームジャーナル』誌上で商品展開を行うパリのクチュリエわずか16人ほどのひとりに入っていた。

　スキャパレリのモダンさは『ヴォーグ』をも魅了した。マン・ボシェが退任し、コンデナストは後任として、デザイン要素を最重視するミシェル・ド・ブリュノフを起用した。さらに「すべての面で最高峰」を目指した同社は、1929年にアートディレクションの総括責任者として、時代の先駆者であるドクター・M・F・アガを任命した。こうして『ヴォーグ』はコンテンポラリーデザインの第一歩を踏み出すこ

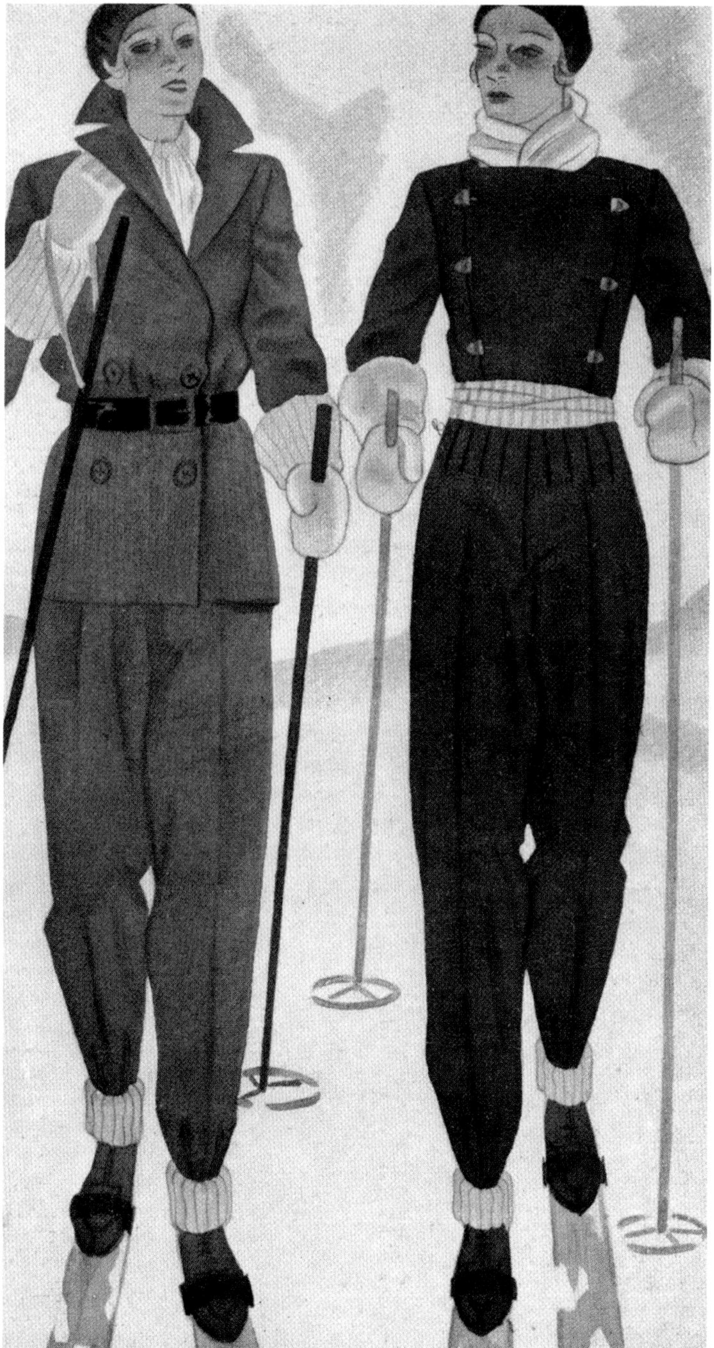
Giron

とになる。多才なるドクター・アガは彼自身が優れた芸術家であり、写真家でもあり、活字デザイナーでもあった。まもなく彼は『ヴォーグ』を（編集面だけでなく）デザイン面で異彩を放つ雑誌へと変革した。アガにとってアートディレクションとは、卓越した誌面づくりの心臓部をなすものだった。彼はすぐさまファッションイラストと写真の飾り枠を取り除き、書体にはサンセリフを採用した。そして『ヴォーグ』を写真とイラストで彩るヴィジュアル媒体の先駆的存在としていった。

　1930年1月、スキャパレリのポートレートが『ヴォーグ』読者に初披露された。撮影を手がけたのは旧友であり、当時米国でもっとも偉大な写真家と評されたエドワード・スタイケンだ。さりげないモノトーンの写真はモダンシックの極みとして彼女を投影し、フェルメールの絵画さながらに哀愁漂う仕上がりとなった。身長150cmほどのスキャップは写真いっぱいに存在感を放っていた。頭には小粋な黒い縁なし帽、贅沢なアーミン*をあしらったソフトでしなやかな黒のツイードスーツに身を包み、左手を黒い毛皮のマフに入れている。そこには痛ましいほどの自意識が感じられ、被写体になることがいかに苦痛だったかが想像できる。だが、自らのスタイルに対する自信は一目瞭然であり、必要不可欠でもあった。キャプションにはこう書かれていた。「モノトーンの熱烈な支持者のひとり、マダム・スキャパレリは、この配色の上品さと魅力を理解する多くの女性とその想いを共有する」

1930年1月、当時のトレードマークであった黒と重ね着スタイルで『ヴォーグ』に初めてお目見えしたスキャパレリのポートレート。エドワード・スタイケン撮影。

1930年、スキャパレリはデイウエアとイヴニングウエアの「街用（ブル・ラ・ヴィル）」と「夜会用（ブル・ル・ソワ）」というラインを立ち上げた。この時期、彼女は経営面でも鋭敏な行動に出ている。ビジネスパートナーのカーンの権利を買い取り、自身は独占所有権を持ったまま、ロスチャイルド財閥の銀行部門をサイレントパートナー*2とした。また会計士として（後に取締役となる）ルイ・アルテュール・ムニエを、さらに広報部長としては海上輸送のコングロマリット、米国海運会社から辣腕の米国人ホーテンス・マクドナルドを採用した。このころにはラ・ペ通り4番地の大部分を所有し、従業員400名を抱えるほどになっていた。ライバルのクチュールメゾン、パトゥからは熟練した仕立屋のムッシュ・ルネをふたりの女店員とともに引き抜いた。さらに偉大なる宝石職人のジャン・クレマンを起用して、スキャパレリブランドの成功と伝統になくてはならない小物や留め具の開発を推し進めていった。今や8箇所になったアトリエには、裁断師、ミシン工、刺繍職人、毛皮職人、羽毛細工職

*オコジョの毛皮
*2 業務に関与しない共同出資者

VOGUE ON エルザ・スキャパレリ

人、婦人服仕立人を配置し、年間7-8千着の服飾品の生産を行った。

　広くなったサロンの内装は、モダンな作風のジャン＝ミシェル・フランクが手がけたものだ。サロンでは既製服のニットウエア、スポーツウエア、小物類を販売した。大きなガラス瓶は、紙のまつげと赤くぷっくりとした革の唇（1929年の『シュルレアリスム第二宣言』のモチーフ）がついた顔のオブジェとなり、帽子やスカーフのディスプレイ用に使われた。さらに作家のエルザ・トリオレが発案し、クレマンがつくり上げた白磁の「アスピリン錠」ネックレスもまたシュルレアリスムの色合いを醸し出していた。

スキャパレリの初めてのイヴニングコレクションでは、(古代ギリシャや古代ローマの芸術で実証された)"黄金分割"によるラインの調和が試みられた。留め具の革新が"ストーリー"の鍵となる一方、彼女の哲学では、服とはそもそも建築のようなものであって体という自然の骨組みに調和しなければならず、また「12の掟(P.146)」にあるように、服に合うよう体を鍛えるべきであると言う。確かに1930年代に好んで用いた肩パッドやバッスルがなければ、つねに細身でボディラインを生かしたシルエットだった。

　1930年2月5日号の『ヴォーグ』では、スキャパレリ初の夜会用ドレスが披露された。黒サテン地のバイアス裁ちで「ウェットルック」のドレスをまとったベティーナ・ジョーンズをホイニンゲン=ヒューンが撮影している。ジョーンズはまもなくスキャパレリの右腕、友人、そしてスタイリストとなり、スキャパレリの「もっとも大胆なデザイン」の数々を着こなした。このころカーメル・スノーは、「パリでは誰もがファッションに興味津々」だと伝えている。広報活動の一環として、スキャパレリはフランス人女優アルレッティ(本名レオニー・バチア)にブランドのミューズになるよう依頼した。長い首、細い腰、広い肩、きゃしゃな足首、そして大胆さを備えたアルレッティは、非の打ち所のないブランドアイコンだった(1939年の『ヴォーグ』でホルストが撮影した、スキャパレリを着る彼女のポートレートは、デザイナーとミューズの双方が互いの良さを引き出し合う存在だと証明している)。まもなくスキャパレリのサロンはお洒落な人々の社交場として知られるようになり、「国際的に有名な女性や社交界の花形、舞台俳優や映画スターたちの集う場所」になった。そのなかでスキャパレリ自身がファッションの繊細な流れや変化を映す中心的存在だった。

シーレ加工のサテン地ドレス姿でポーズをとるベティーナ・ジョーンズ。ウエストにひだを寄せ、左腰でエプロンのように紐結びしたスタイル。
ホイニンゲン=ヒューン撮影。

次項1931年4月のミッドシーズン・コレクションより、スキャパレリを象徴する白黒の配色。『ヴォーグ』が「輝かしき発明」と銘打った白の「ネックレススカーフ」を黒いウールのスーツやコートに合わせた(左)。ダグラス・ポラード画。
1931-2年秋冬コレクション。『ヴォーグ』が「ショート丈が印象的」とうたった白いバギラ布の上着を、黒のクレープ地をしわ加工した「今シーズン大流行」のドレスの上に羽織った(右)。裾は巻き上げてピン留めも可能。エドワード・スタイケン撮影。

'完全なるシンプリシティ。
それが必要とされたものだった'

エルザ・スキャパレリ

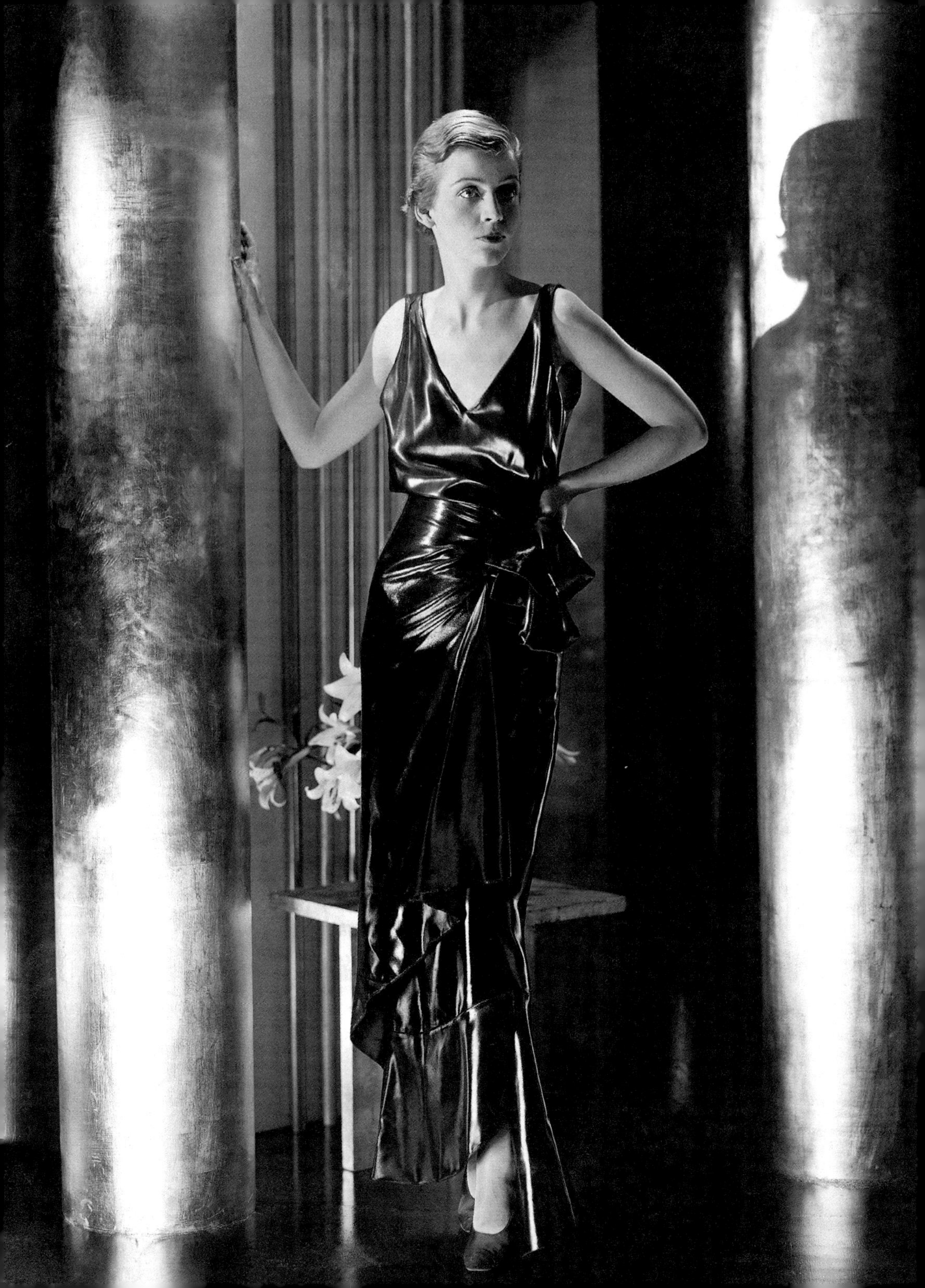

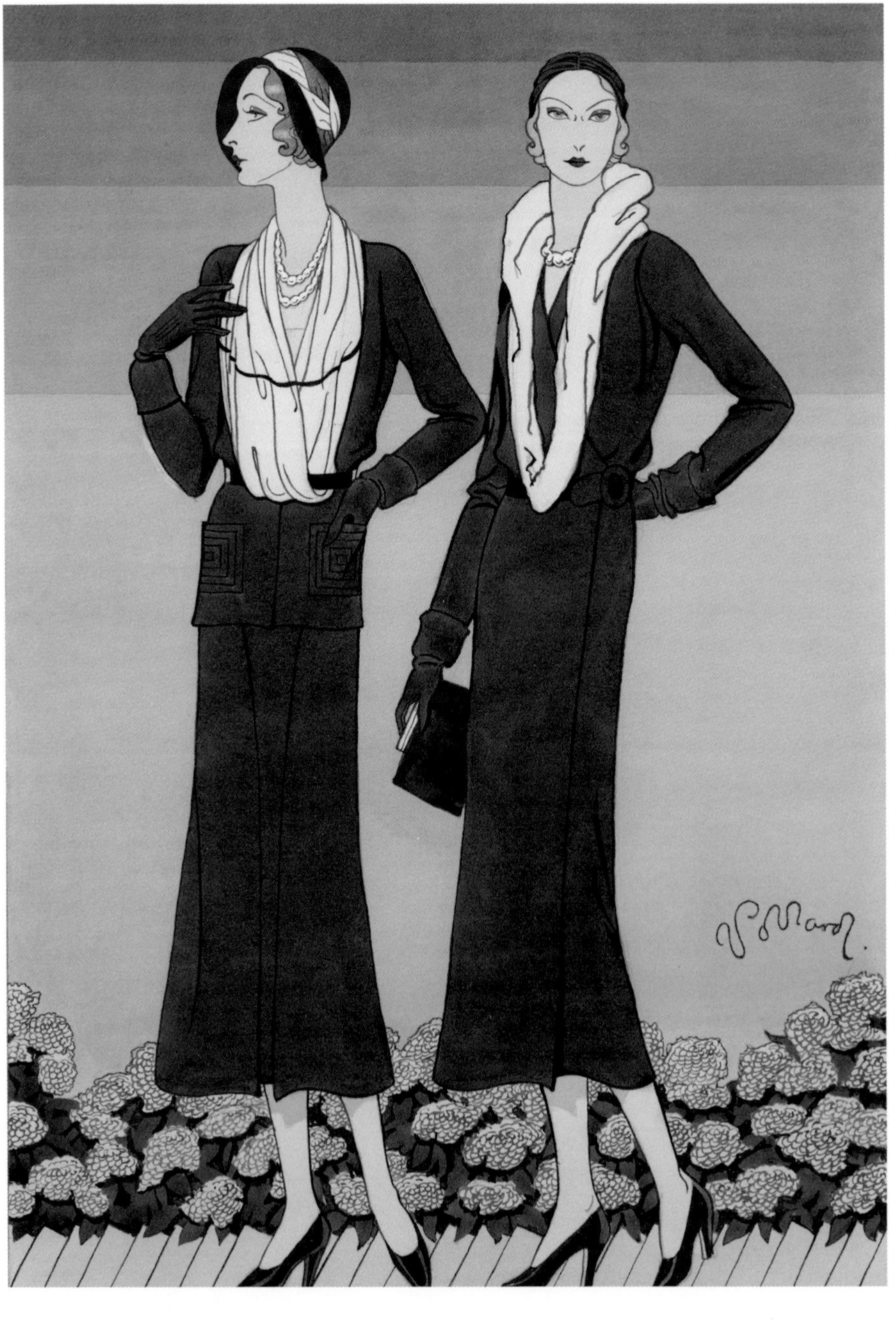

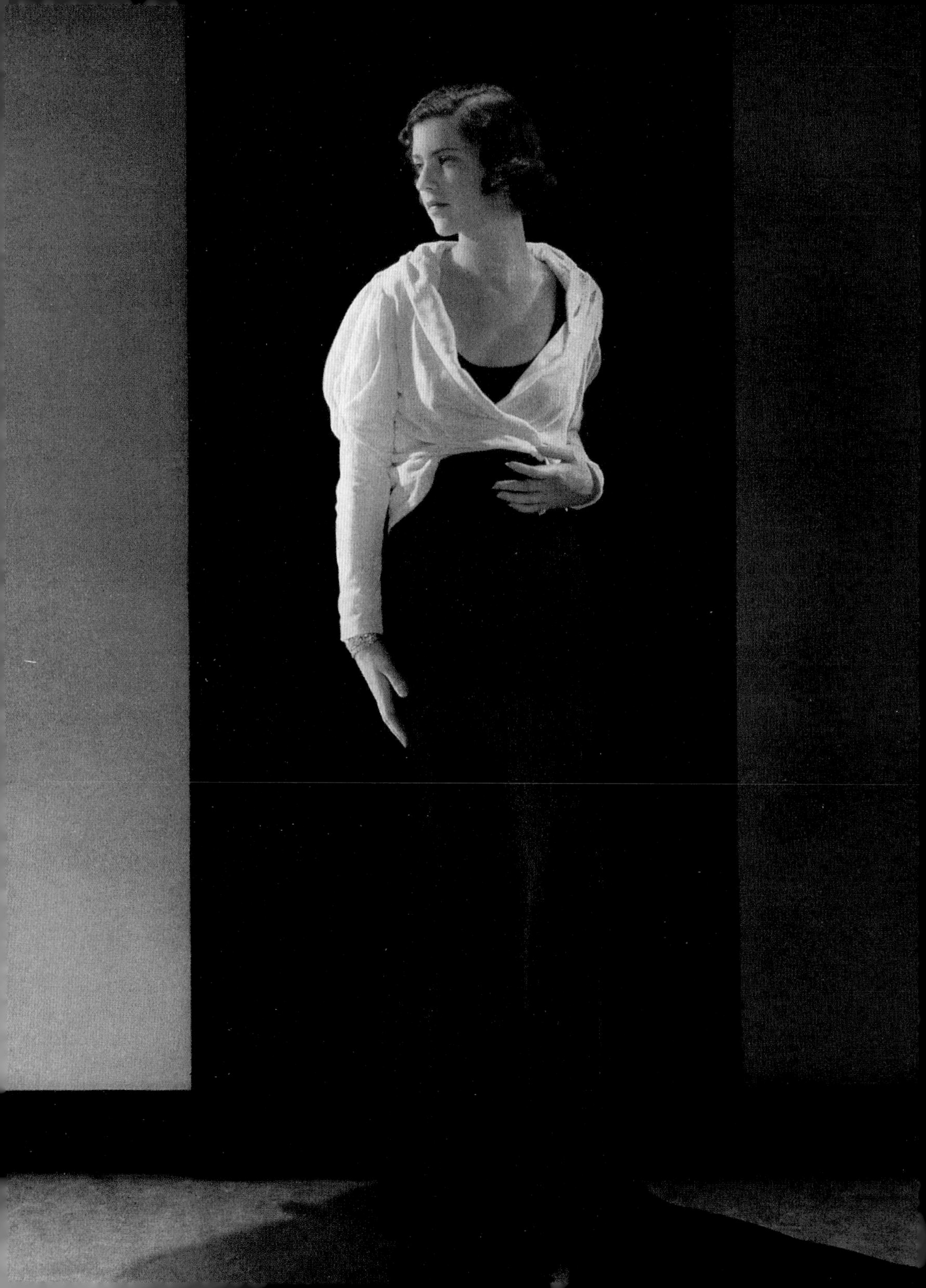

私は、かなり奇抜で
個性的な格好をして人前に出ても
恥ずかしいと思ったことはない。
アントワーヌはイヴニング用と
"スポーツ用"にも素敵なかつらを
つくってくれた。
白や銀や赤のかつらをかぶった私は、
それが騒動を巻き起こしていることに
まったく気づきもしなかった

エルザ・スキャパレリ

モード界の旋風

昼用スーツ姿に型違いの「マッド・キャップ」をつけたモデルたち。印象的なファッション画のスタイリングは、創造力に富むファッション編集者バブス・ポート＝ウィロメが手がけたものと思われる。
レーヌ・ポート＝ウィロメ画。

1931年から1934年までに、スキャパレリは代表的なシルエットを構築し、最新の布地と繊維を用いた作品を試み、数々の美しい色を発案し、ファッションリーダーとしての名声を築き上げていった。自分は極度の恥ずかしがり屋で、ときには「こんにちは」と言うだけで固まってしまうと彼女は語る。それでもこの時期には自らが広告塔となり、モード界のセレブリティ、そしてフランスクチュール界の異端児（アンファン・テリブル）という役割を買って出なければならなかった。こうして彼女は、メディアに対してだんまりで控えめな他のデザイナー（唯一、スキャパレリと多くの共通点を持つシャネルだけは例外だった）とは一線を画するようになった。

スキャパレリの自伝には、人生は浮き沈みの連続だと考える彼女の人となりが表れている。「（私は）かなりの怠け者だが、仕事は猛烈にしかも手早くこなす。（私の）笑いと涙はせめぎ合い、仕事をしていると楽しくて失望の底から天空の至福へと舞い上がる」と語った。こうした感情の起状は、多くのデザイナーの場合と同様に創作活動には不可欠な要素だ。彼女はドレスや化粧やかつらを本来の自分の姿を守るある種の仮面のように使い、積極的な広報宣伝の手法として人前では異なる"顔"を演出した。こうした表向きの顔は、彼女の「ハードシック」と呼ばれる彫刻的なシルエットに表れている。そしてこれを着こなすために女性たちには体を鍛えるよう説いた。その延長として、彼女はスタイルよく見せるデザインを、しかも化学繊維や天然繊維の実用的で丈夫な素材を用いて提案したのだった。また世界恐慌や、第二次世界大戦に向けた軍国主義化を背景として、厳しい現実に直面したこの時代ならではの軽佻さを利用した作品を打ち出した。

「この当時の人々は、人と違っていることを怖がりはしなかった」。クリスチャン・ディオールの優雅で女性的な装いがクチュール界を席巻していた1954年、この年出版の自伝でスキャパレリは懐かしげにこう語る。大胆さの象徴とされた彼女が、ロンドンに衝撃を与えたのは1931年のこと。スペイン人テニスプレーヤーのリリ・デ・アルバレスが、ウィンブルドンでスキャパレリのキュロットスカートを着用したのだ。もっともこれは、スポーツ用としてだけでなく、日常生活用にデザインされたものだった。概して自意識の強いスキャパレリだが、自分自身もサンモリッツでスキーをした際にはかつらをつけた。「私は、かなり奇抜で個性的な格好をして人前に出ても恥ずかしいと思ったことはない。アントワーヌはイヴニング用

と"スポーツ用"にも素敵なかつらをつくってくれた。白や銀や赤のかつらをかぶった私は、それが騒動を巻き起こしていることにまったく気づきもしなかった」

　その年、セシル・ビートンは『ヴォーグ』のためにスキャパレリのイラストを描いている。シンプルな白地に、ジャック・デュナンによるステンシル刷りでだまし絵の「プリーツ」をあしらった夜会服ドレスにガチョウの羽のケープを羽織り、髪はアントワーヌによる最新のウエーブをつけたスタイルだ。ニューヨークでは、セーターを着せられリードにつながれた子ライオンをブランド宣伝用に歩かせようと差し出された。ロンドンでは、エンバシー、カフェ・ド・パリ、クアグリーノスといったレストランに集うお洒落な面々の一員となった。社交界の集まりはメゾンを宣伝する格好の場である。1932年10月、ノエル・カワードのレヴュー『言葉と音楽』のロンドン公演初日には、繊維業者シャルル・コルコンベと共同開発した、サテン仕上げの合繊シルクジャージー、ジェルサルで仕立てた初の夜会服をまとって出かけた。これは、背中を水着のように「U字形」に深くあけ、新たなアイコンとなるバッスル——幼いころに着飾ってみせた母や祖母のドレスへの回帰——を特徴としていた。こうした新旧の組み合わせは、スキャパレリならではの想像力がなせる技だ。ドレスは話題の的となり、『ヴォーグ』はそのクワの実のような色をこう表現した。「ロシアのボルシチ色、まさに粋の極み」

ス キャパレリはコンデナストの「インターナショナル・カフェ・ソサエティ」という1939年まで『ヴォーグ』の内容を決定づけていた会の一員となった。これは本拠地ニューヨークはもちろん、パリとロンドンの、金と才能とスタイルを持った人々の集まりだ。シャネルとマンボシェもこのきらびやかな一団のメンバーだったが、実際にモード界の支配者として君臨していたのはその顧客、いわゆる「ヴォーグの貴婦人」と呼ばれる女性たちだった。ベティーナ・バラードは後に、彼女たちの力は、社会的地位や名声によるものではなく、自分たちの装いを真似したいとまわりに思わせ、「人や場所をお洒落に変革できる能力にある。その存在はクチュリエや帽子職人のインスピレーション源となり、ファッションはまさに彼女たちのために創造されるのだ」と考察している。その顔ぶれには、リュシアン・ルロンの顧客だったジャン・ルイ・ド・フォシニ＝リュサンジュ王女（プリンセス・ババ）、シャネルを着たホセ・マリア・セール夫人、マンボシェを後援したアメリカの女優で室内装飾家のレディ・メンドルなどが含まれていた。そしてスキャパレリを着る

白いクレープ地のイヴニングドレスにガチョウの羽のケープをまとったスキャパレリ。
前面には芸術家ジャック・デュナンによるだまし絵のプリーツがステンシル刷りされている。
セシル・ビートン画。

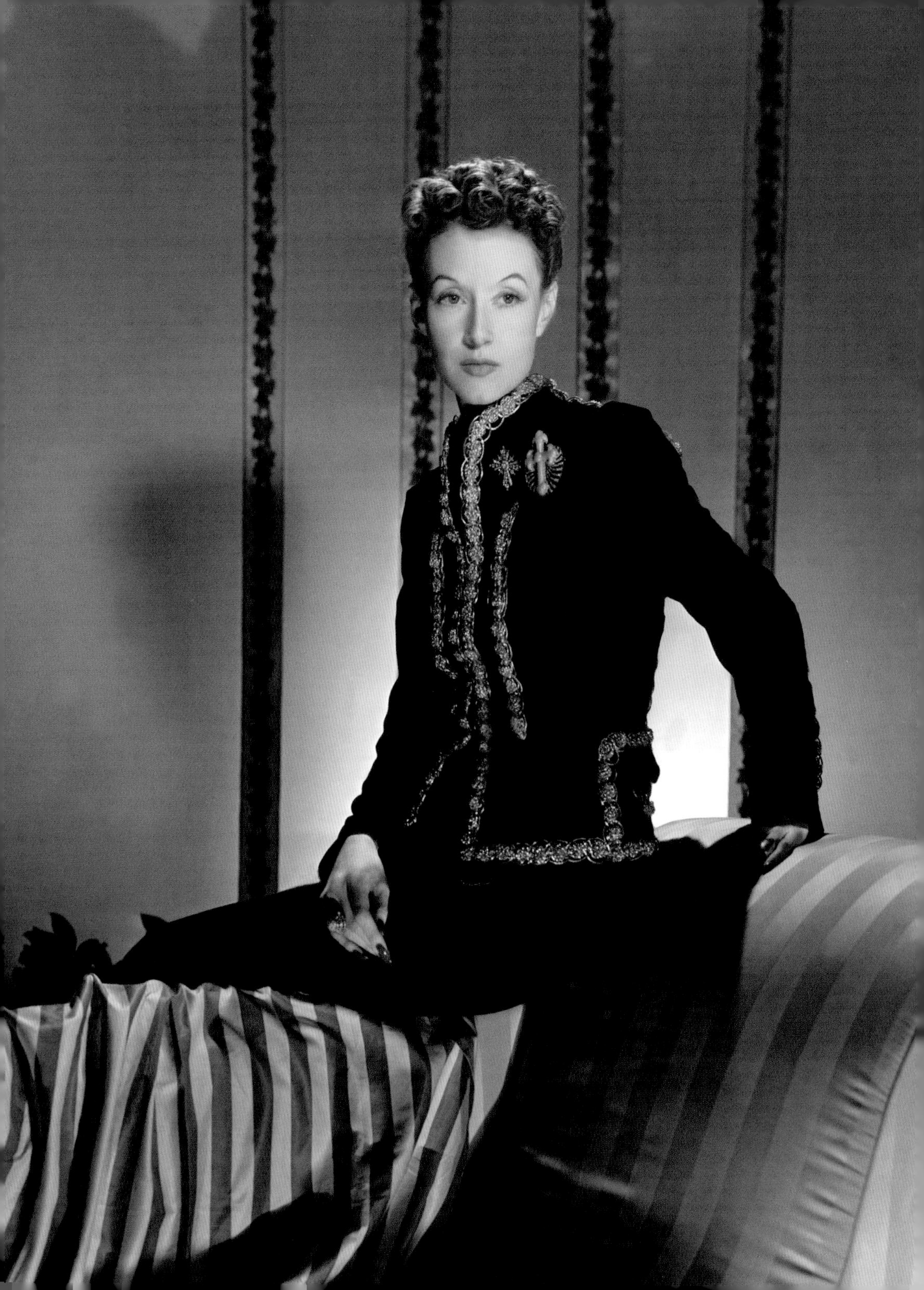

ビザンチン絵画のように美しく独自の個性を放つロジャー・バルコム夫人は、「服に対して真の第六感を持っていた」と『ヴォーグ』1939年2月号は表現した。ファッションリーダーのミリセント・ロジャースとして知られる彼女は、スキャパレリの1939年「コメディア・デラルテ」コレクションから黒ベルベットのディナースーツを着用。ホルスト撮影。

という、より大胆かつ型破りな女性が、レジナルド・フェローズ夫人(デイジー・フェローズ)、ミリセント・ロジャース、ハリソン・ウィリアムズ夫人、ベティーナ・ジョーンズ(ベルジュリ)などだ。皆35才を過ぎており(永遠の若さを誇るレディ・メンドルは70代)、子どもを乳母に預け、年を重ねるごとにその優美さを極めていった。

"ヴォーグの貴婦人"に対して、各メゾンはシーズンごとにコレクションから好きな服を選ばせ、無償で提供した。彼女たちのいく先に、女性たちが追従するからだ。ベティーナ・バラードは、シンガーミシン社の資産相続人であるデイジー・フェローズについてこう言及する。「パリでもっとも優雅でもっとも話題にのぼる女性であり、あたかも日々の食事を取るかのようにスキャパレリの奇抜な服の数々を持ち去っていった」

この計らいは功を奏した。クチュリエはパトロンたちが自分の服を着ることにより、実際の広告よりも宣伝効果を発揮するとわかっていたのだ。こうしてフランス版『ヴォーグ』の広告収入は減少していく。とはいえ、これらスタイルアイコンをとらえた写真の掲載は、『ヴォーグ』とクチュリエ双方にとってステイタスの証となった。実際1930年代末まで、『ヴォーグ』はイラストレーターよりも写真家に多くの経費を費やしている。スキャパレリは数々の写真家と親交を持ち、『ヴォーグ』を手がける偉大な才能との感性あふれる共同作業にのぞんだ結果、同時代を代表する魅力的なファッション写真を創作していった。この点に関してはイギリス版『ヴォーグ』のファッション編集者、バブス・ボート=ウィロメも賞賛に値する。彼女は卓越したスタイリストであり、スキャパレリの全盛期に挿絵と写真の両方においてこの上なく洗練されたファッションヴィジュアルの創造に寄与した。

'モード界の華が勢力を誇っていた当時
彼女たちは言わば贅沢で
移り気な時代の独裁者だった'

ベティーナ・バラード

VOGUE ON エルザ・スキャパレリ

後にジョン・ローリングス夫人となった彼女について、友人のバラードは、自分の知るなかで――ライバルのダイアナ・ヴリーランドを除いて――もっともファッション感覚に優れた人物だと評した。
　クチュリエの世界観を伝えるという点において、シャネルとスキャパレリは男性デザイナー（あるいは、そもそも個人主義で多くを語らないマダム・ランバンやマダム・ヴィオネなど）よりも大役を果たす覚悟を持っていた。ふたりはメゾンの広告塔であり、名だたる顧客と同じくらい頻繁に公に姿を現した。写真に撮られることを毛嫌いしていたスキャパレリだが、どこにいっても撮影されるよう気を配った。大勢のなかで際立ち、話題の的になることを楽しんだ。1934年発売の香水「スゥシィ（心配）」では、自らが"顔"となっている。さらに「後にシックなアイテムの仲間入りをする羽毛の襟巻き」をまとって登場したのは、彼女が初めてである（『ヴォーグ』1932年8月号）。その後、ファッション画家のマルセル・ヴェルテスをして「優美な骨格の持ち主」と言わしめたデイジー・フェローズが『ヴォーグ』9月号で後に続いたのだった。

スキャパレリの有名なバッスルをあしらった、サテンジャージー素材のえび茶のドレス。『ヴォーグ』は「まさに粋の極み」とうたった。エドワード・スタイケン撮影。

　1932年6月18日号の『ニューヨーカー』誌は、スキャパレリを「彗星」というタイトルで紹介した。この記事のなかで、パリ特派員のジャネット・フラナーはモード界での彼女の台頭を、見習い期間が終わり、いよいよ本番だと表現している。スキャパレリの原動力は鋼のようにかたい決意にあった。たとえば初コレクションの準備中、娘のゴーゴーが寄宿生活を送るローザンヌで重病となるが、スキャパレリは愛する娘の安否もわからぬままスイスとフランスを往復しながらコレクションを完成させたのだった。フラナーの記述によると、スキャパレリが抱えるスタッフには、ライバルメゾンから引き抜いた熟練者だけでなく、ド・ラ・ファレーズ伯爵夫人（ハリウッドスターのグロリア・スワンソンとは義理の姉妹）、ボワスルヴァン伯爵夫人、いとこでデザイナーのビアンカ・モスカ、そして「ガイドブックの『tout Paris』いわく、聖人のごとき骨格と白い大理石の彫像のような巻き毛が、今やスキャパレリのコレクションには不動の美のアンサンブルとなった」ベティーナ・ジョーンズがもちろん含まれていた。スキャパレリのクチュールドレスの価格は芸術品に匹敵したが、アメリカ大衆市場において彼女の既製服は、フラナーいわく「間違いなく大当たり」だった。

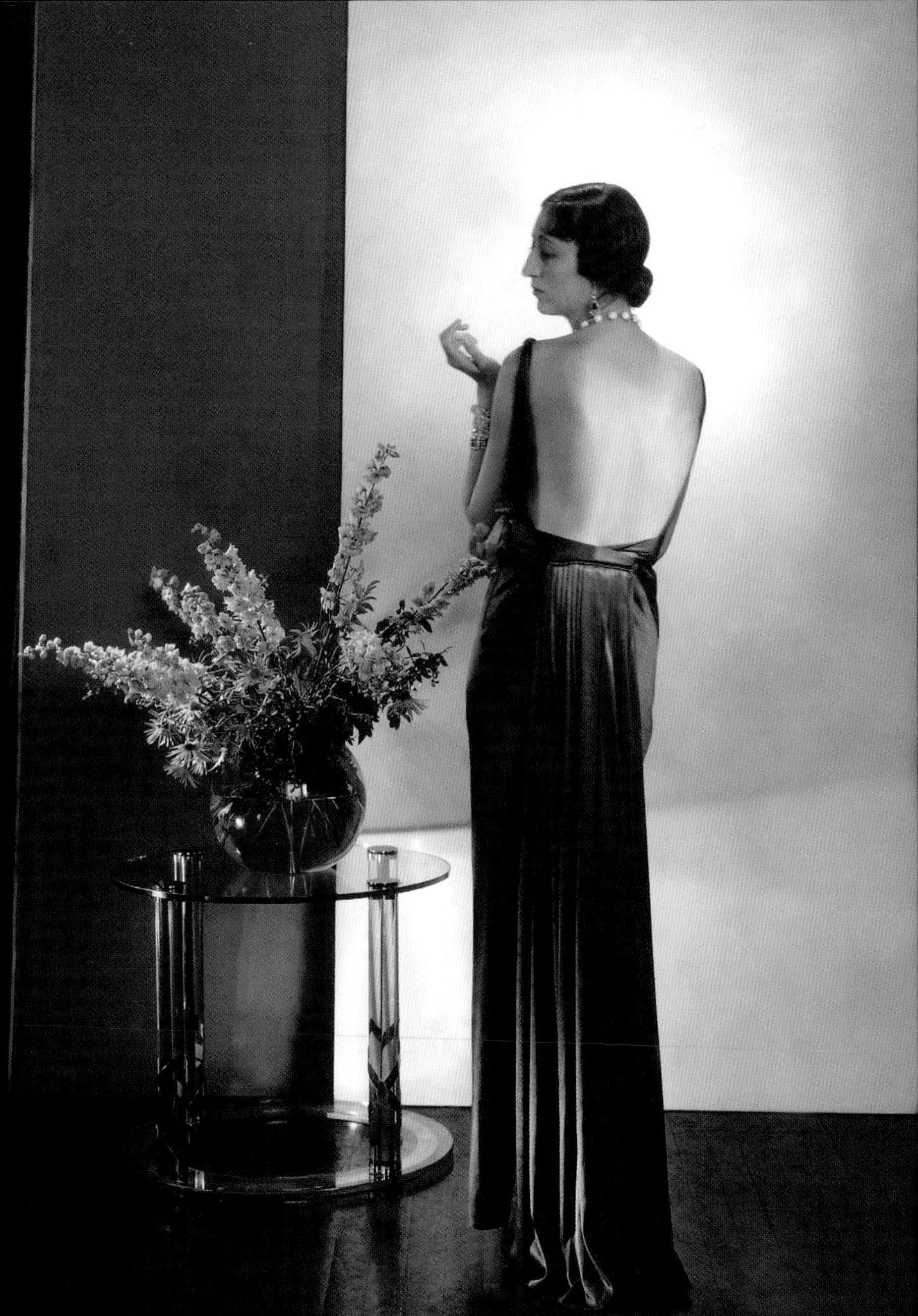

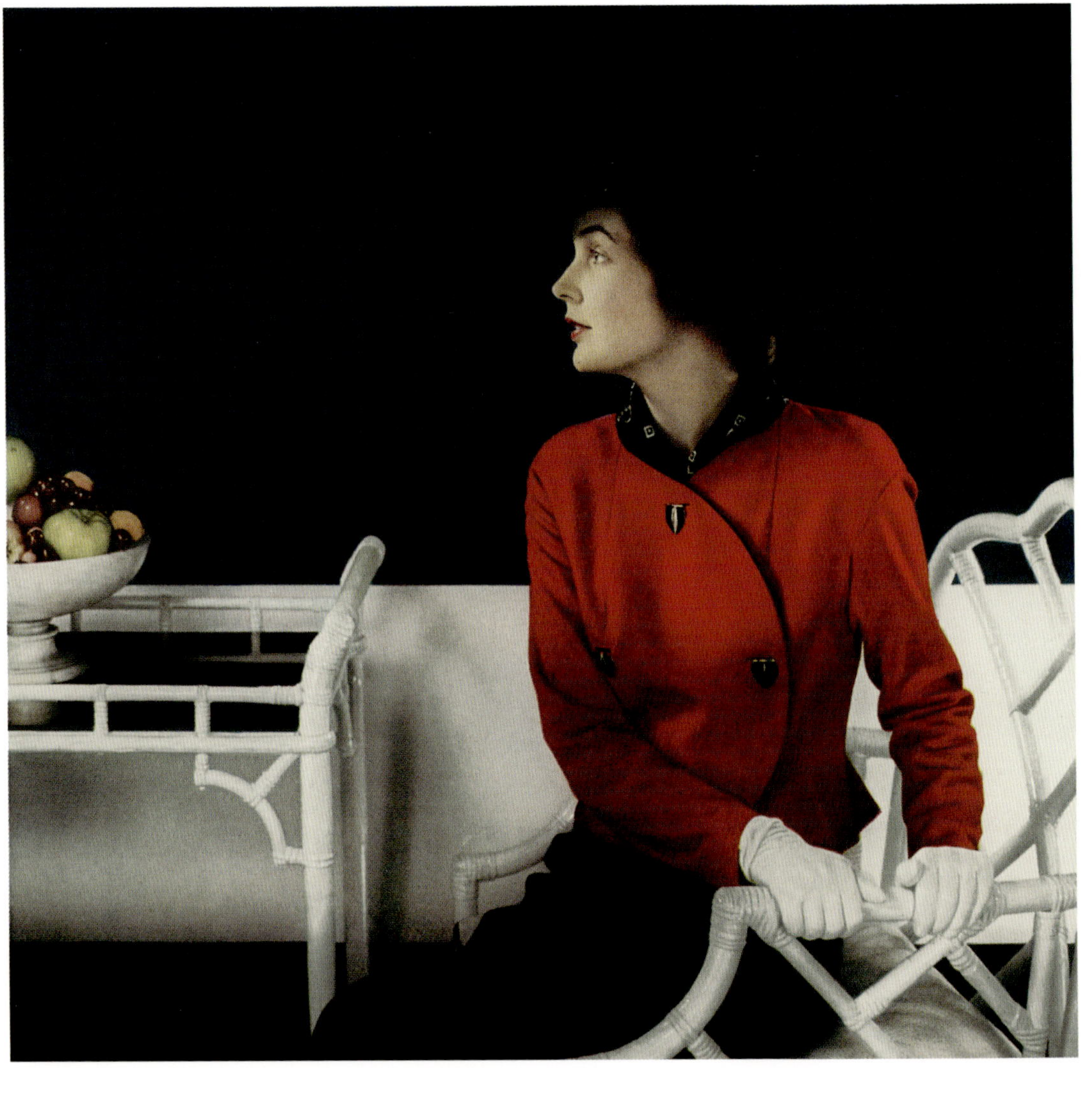

さらにフラナーは、『ヴォーグ』1931年9月16日号の「ニューモード」特集でスキャパレリを「服づくりの匠(たくみ)」と表現している。ランバンやルロンの提唱する「現代風ロマンティック」に対して、読者はつねに"ドレス職人"スキャパレリがつくる「おもちゃの兵隊シルエット」という別の選択肢をとることができた。「これにはまさに度肝を抜かれた。パッド入りで肩章をつけた幅広の肩、詰まった襟とダブルの前あき、大きく強調されたバスト、袖下からウエストにかけて絞ったライン、その下は円柱のような直線的シルエットで、着る人をすっかり変身させてしまうのだ」。コレクションの中心は、ルダンゴト(丈の長い乗馬用上着のようなコート)、スカートスーツ、毛皮の上着などで、真鍮(しんちゅう)のカーテンリングからつくった留め具は「いつもながら粋で遊び心にあふれていた」。パッド入りの肩はウエストを細く見せるようデザインされていた。また『ヴォーグ』は、スキャパレリの春コレクションをキノコのシルエットになぞらえ、こう描写している。逆三角形のいかり肩で直線的なカッティングの上着、みぞおち丈のコンパクトでハイウエストの上衣やセーター、深い襟あきで体のラインに沿い、「コルセットのような」縫い目のドレス。見た目は限りなくシンプルで、唯一の装飾はクランプ留め具だった。

ミリタリーテイストは1932年秋冬コレクションでも継続し、軍服からヒントを得た赤いフランネルの上着に黒いウールのスカートなどが展開された。このスタイルは「モード界に旋風を巻き起こし」、まもなく誰もがその装いをするようになった。実際、作家のナンシー・ミットフォードは小説『Love in a Cold Climate(ラブ・イン・ア・コールド・クライメット)』で、不器量な語り手ファニーのファッションに対する無頓着(むとんちゃく)さを示す道具として使っている。ファニーはそっくりの服("逃げ馬"というあだ名の悪名高き母親からの贈り物)を着ていたが、服のラベル以外には何の関心も抱かなかった。一方、博識で審美眼のあるセドリック・ハンプトン(セシル・ビートンと貴族のスティーヴン・テナントを足したような麗しい人物)はすぐに察した。「こういう類いのものにはロゴが入っているんだ。スキャパレリ、ルブー、ファベルジェ、ヴィオレ・ル・デューク──ぼくにはひと目でわかるよ。ほんのひと目でね*」。彼はそれが「ゆうに25ポンドはする(当時としては大金)」と値踏みした。そしてファニーが、たった1ヤードの布しか使っていないのにと反論すると、こう尋ねた。フラゴナールの絵画に何ヤードのキャンバス地を使うのかと。

*デザイナーのキャロライン・ルブー、宝石職人のピーター・カール・ファベルジェ、建築家のウジェーヌ・エマニュエル・ヴィオレ・ル・デュクを指す

スキャパレリの象徴となったクランプ留め具の上着。エドワード・スタイケン撮影。

VOGUE ON エルザ・スキャパレリ

熟練の仕立てで肩にボリュームを持たせた「おもちゃの兵隊」シルエット。
スキャパレリはこのスタイルで「服づくりの匠」の名をほしいままにした。
ダグラス・ポラード画。

'パッドや蝶結びを足したり、ラインを上げたり下げたり、カーブを修正したり、あれやこれやと強調しても構わないが、調和を失ってはいけない'

エルザ・スキャパレリ

Vogue

LONDON
FASHIONS

APRIL·4·1934 (7)
PRICE ONE SHILLING

THE CONDÉ NAST PUBLICATIONS LTD.

1933年、スキャパレリはロンドンのサロンをアッパーグローヴナー通り36番地に開いた。これは当時、ひそかに交際していた英国人と過ごすためであり、また、「国産品を買おう」と奨励されていた現地バイヤーへのプロモーションでもあった。彼女は「もっとも男性的な街」と呼ぶロンドンを好んだ。その仕立てては疑いもなくサヴィル・ロウ*の影響を受け（帽子のデザイン名にしたほど）、自身も仕立屋のアンダーソン&シェパードの顧客だった。当時、スキャパレリの服を買えるのはこのサロンだけだった。初コレクションの「嵐」シリーズは英国ツイードや毛織物、ニット素材を中心に展開され、なかでも米国人カール・エリクソン（通称、エリック）が挿絵を描いた赤のスーツは、『ヴォーグ』1934年4月4日号の表紙を飾った。つねに人物をモデルとし、巧みな線描と上品で無駄のないエリックの画風は、軽やかでウィットに富んだスキャパレリ作品を的確に描写していた。

　自由奔放な"妖婦"、バーバラ・スケルトンは回想録『Tears Before Bedtime (おやすみ前の涙)』のなかで、スキャパレリのハウスモデルをした当時を描写し、このイタリア人は彼女を認め寛容に接してくれた唯一のデザイナーだったと語っている。ロンドンサロンの内装は、シャンデリア煌めくハートネル*2のそれとは対極をなし、シンプルで飾り気のない長椅子に（トレードマークの）ショッキング・ピンクのクッションを配したものだった。従業員はチェコ人の裁縫師を除き全員フランス人だったと言う。スケルトンいわく、スキャパレリは「黒とカフェオレ色の配色を発案した、この時代でいちばん創意に富んだデザイナーで、自分のロゴがついた全アイテムの見え方に責任を持っていた」。モデルには服の貸与が認められ、シーズン終了時には割引価格で購入できた。とりわけスケルトンのお気に入りは、サテン地に貝殻模様の水着、リボンつき黒のつば広帽、マレーネ・ディートリッヒ用だったがいらないと言われたくるぶし丈のコートなどだ。

　アッパーグローヴナー通りの店のハウスモデルには、背が高く粋な米国人で"ブタ顔の"サリー、ペットにコブラを飼い、餌には生きたウサギを与えるデンマーク人のアナ（作家のサー・アーサー・コナン・ドイルの義理の娘）、ロシア人のルーバ、かつてジーグフェルド・フォリーズ*のショーガールをしていたノルウェー人のゲルダがいた。スキャパレリに対して臆するようなモデルはひとりもいなかった。

スキャパレリのロンドンでの初コレクション「嵐」より、『ヴォーグ』1934年4月号の表紙を飾った赤いデイスーツ。エリック画。

　　　　　　　　　　　　　　　　　　　　* 最高級の紳士服仕立屋が軒を連ねるロンドンの通り
　　　　　　　　　　　　　　　　　　　*2 英国王室御用達デザイナーのノーマン・ハートネル

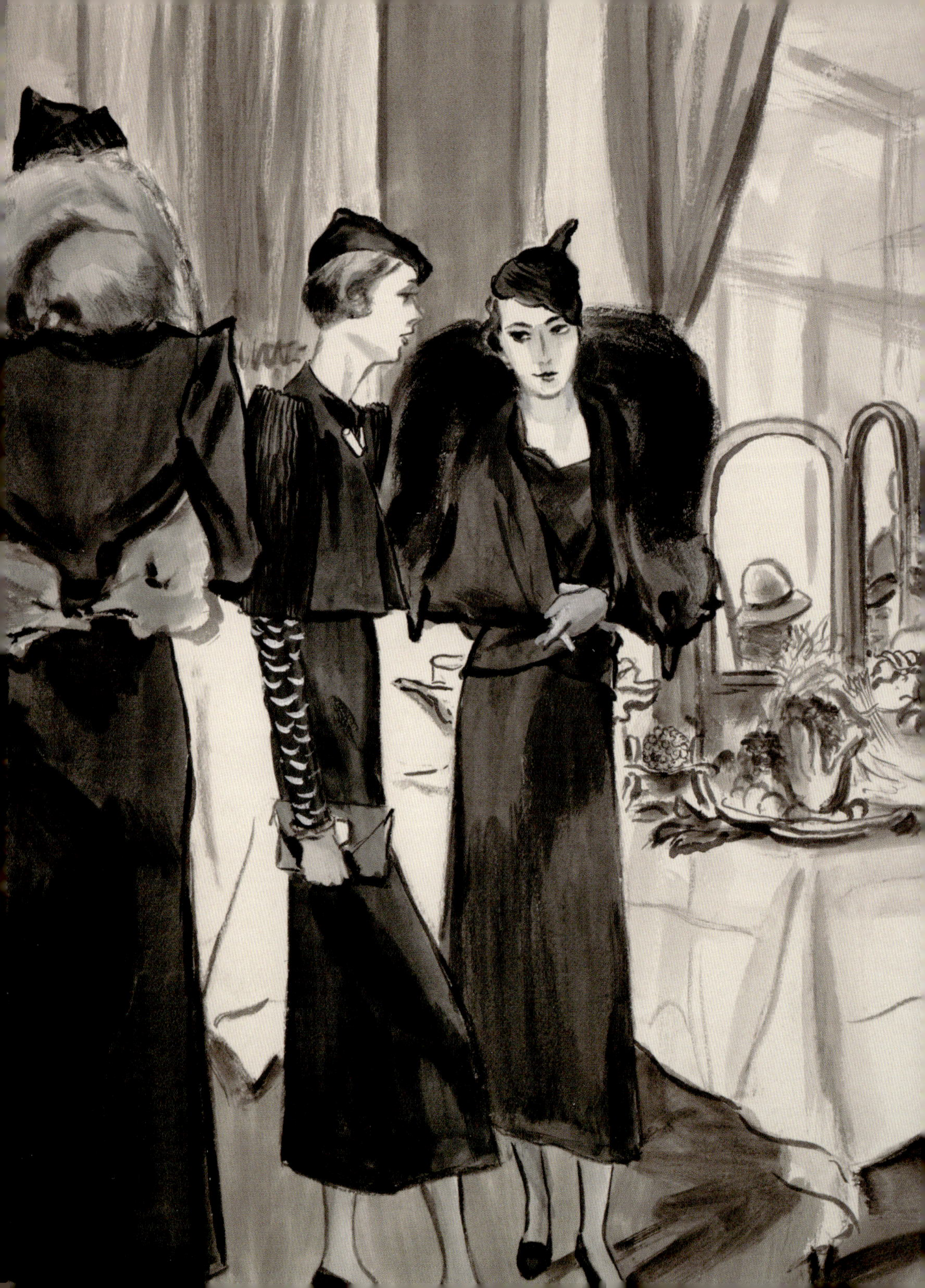

スキャパレリは決して社交家気どりではない。メイフェア*2のサロンは、ケント公や女優のタルラー・バンクヘッドなどを顧客に抱える紛れもない人名録だったが、スキャパレリは創作のひらめきを求めてよくテムズ川の桟橋まで下ったものだった。お気に入りのパブを訪れてはビールとフィッシュ&チップス、それにロンドンっ子や中国人、イタリア人、スウェーデン人の船乗りどうしのやり取りを楽しみ、ときにはテムズ川のほとりに腰を下ろして引き船が通り過ぎるのをただ眺めていた。「アイディアがどのように生まれるのかと聞かれても、どう答えてよいかわからない。けれど、華麗な舞踏会よりもこんな夕暮れどきのほうが考えは浮かぶものだ。かつてのイギリスで言う"下層労働者階級（ロウアー・ワーキング・クラス）"の簡素さと創造性に触発されるのは、それが心地よさや必要性から生まれたものだからだ」と彼女は語る。1929年にヒットしたイギリス映画『ピカデリー』では、ライムハウス*3を一部舞台として、スキャパレリがワッピング*4で経験したような人種の混在する社会が描かれていた。この映画を観たのは、おそらく1930年から31年に『The Gentleman of Paris（パリの紳士）』の衣装デザインを手がけていたころだろう。映画では、主演女優のアンナ・メイ・ウォンがパゴダショルダー*5で中国風の舞踏衣装をまとっていた。スキャパレリは1933年3月22日号の『ヴォーグ』でこのスタイルを「ショルダートレー」として打ち出し、4月13日封切りの映画『Je te confie ma femme（ジュ・テュ・コンフィ・マ・ファム）』では、女優でミューズのアルレッティがこのシリーズを衣装として着用した。

スキャパレリの「ショルダートレー」ライン3型。イヴニングドレスの上に羽織ったパゴダ袖のボレロ（左）。アンゴラの紺色ショートジャケットの肩には細いプリーツが入っている（中央）。肩にかけたシルバーフォックスの大きな毛皮がボリューム感を演出し、下半身を細長くすらりと見せる（右）。エリック画。

またスキャパレリはチェックやツイードなどの素材を研究しようとスコットランドに赴き、現地コミュニティのすばらしく情熱的な人々と共同で開発に取り組んだ。とりわけ一緒に仕事を進めたのは、スカイ島スキーボストのダンカン・マクラウドである。そこでは職人たちの審美眼に狂いがなく、植物染めの伝統色からピンク、ブルー、パープルブルー、レタスグリーンといった色合いをつくり出していた。でき上がったツイードはスキャパレリの夜会服に用いられたが、それはパリではおなじみの、なめらかなバイアス裁ちのサテン地といった贅沢きわまりない高級服地とはまるで対照的なものだった。

*演劇プロデューサー、フローレンツ・ジーグフェルドによる華やかなレヴュー
*2 アッパーグローヴナー通りの属するロンドン都心部の地区
*3 ロンドン、イーストエンドの港湾地区
*4 テムズ北岸の地区
*5 仏塔の屋根のカーブのように肩先を反らせたライン

「嵐」シルエットのコート2型。オセロット毛皮の襟をあしらった濃紺のツイード
コート（上左）と、カウルネックの立ち襟をつけたチェックのウールコート（上右）。
レーヌ・ボート＝ウィロメ画。
ビーズ刺繍のベレー帽と、襟元が中国風の黒いウールコート（右ページ）。
エドゥアルド・ベニート画。

VOGUE

including
THE NEW MODE &
THE NEW MOTORS
OCTOBER · 4 · 1933 (20)
PRICE ONE SHILLING
THE CONDÉ NAST PUBLICATIONS LTD

尾羽をモチーフにした1934年「鳥」のシルエット（左）。セシル・ビートン画。
銀色の羽毛を織り交ぜた金色サテン地のエンパイアドレスに、張りのあるひだ襟のショートケープを羽織った（右）。左側にラップスカートの重なりが見られる。レーヌ・ボート＝ウィロメ画。

次頁 スキャパレリによる夜会服の素材使いを特集した1934年の『ヴォーグ』。茶色のチュールブラウスとひだ飾りのケープ、青い（きめの粗いレーヨンクレープのような）「木の皮」スカート（左）。チュールリボンつきケープと白の「木の皮」ドレス（右）。ホイニンゲン＝ヒューン撮影。

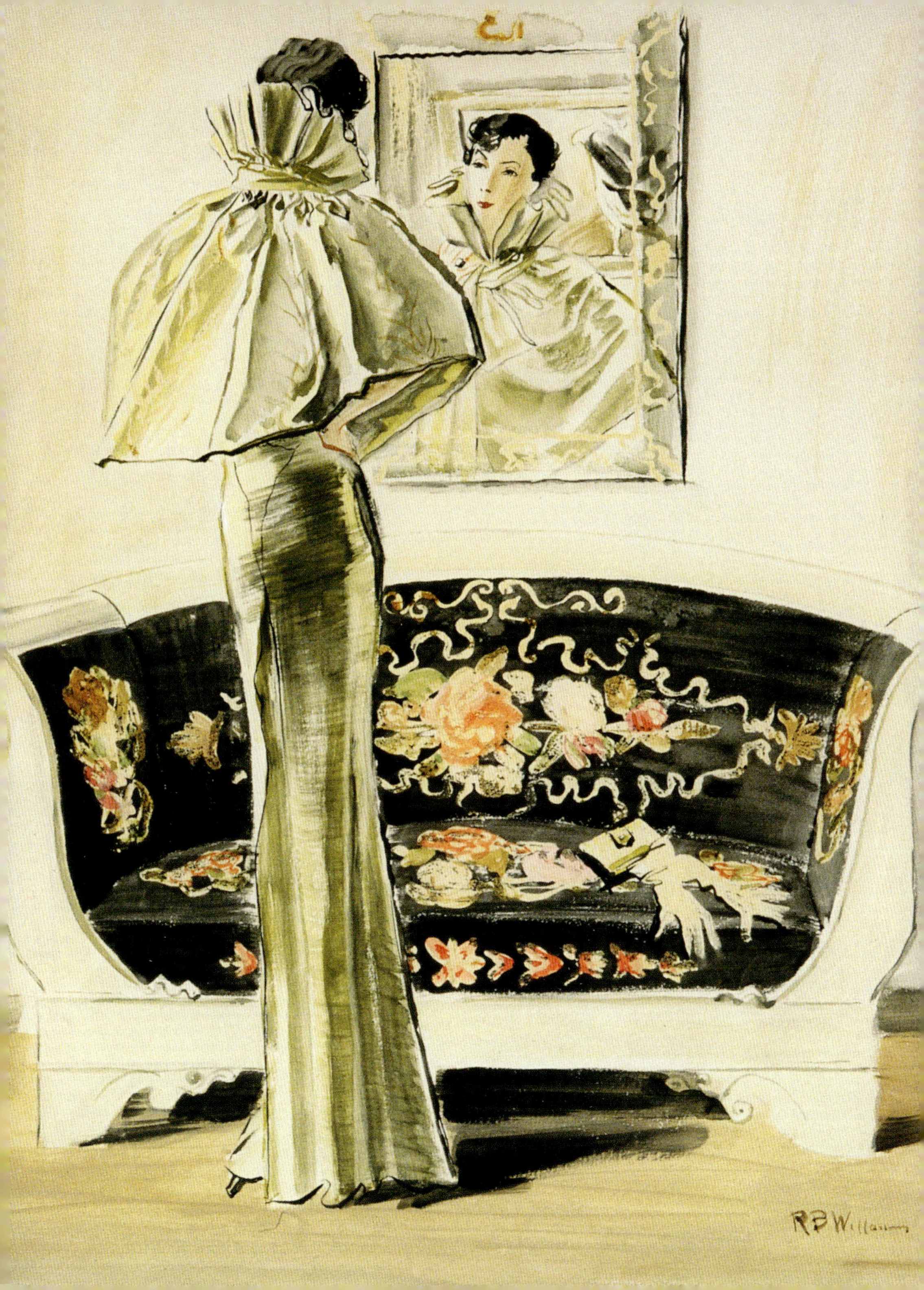
RB Williams

'少しばかり異国の香り漂う女性を見るのは好ましい。だからイヴニング用には、フラミンゴやボタンインコ、カナリアなど、南国の鳥の羽色を使っている'

エルザ・スキャパレリ

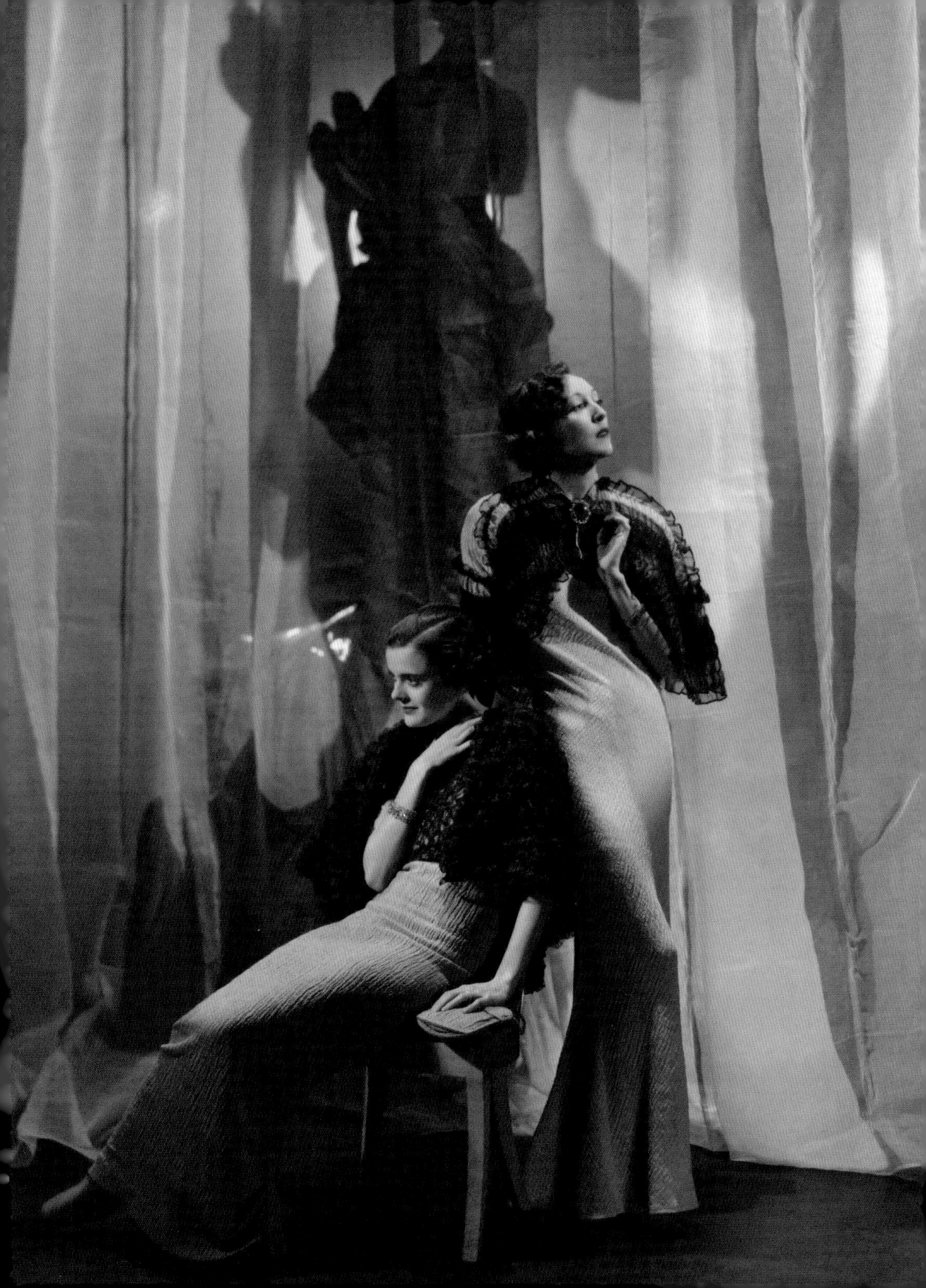

1934年2月、スキャパレリは次なる夏コレクションを発表した。夜会用の「鳥」のシルエットは、「嵐」コレクションをやや大人しくしたスタイルだった。横から見るとクジャクバトの尾羽のようなラインは、1936年以降、創作活動をともにするサルバドール・ダリによる多くの作品と同様、生物をモチーフにしたものだ。このシルエットは、後にクリスチャン・ディオールが発表した1948年夏コレクション「飛翔ライン」(アンヴォル)のインスピレーションとなった（クリフォード・コフィン撮影による『ヴォーグ』の写真が記憶に残る）。

　デザイナーとしてのスキャパレリの多彩さは、伝統的な布地と最新の織物技術とを融合する手法にも表れている。1932年、彼女はコルコンベに働きかけ、細デニールの伸縮素材で、しわ感のあるレーヨンクレープの「リブルダング」や、「木の皮」とも呼ばれる、しぼのあるクレープ素材「メロディ」を開発した。他にも麻やサテンを模した素材や、レーヨン糸を羊毛、亜麻、綿糸と混紡した丈夫で洗濯しやすい素材、黒と白のチュールを2枚重ねにした「コズミック」、羊毛と"見まがうほど"のニット「カプリコーン」を生み出した。さらに不合格サンプル素材からスーツをつくり、ファンからの喝采を浴びた。

　1934年12月の『ヴォーグ』クリスマス特集号では、「レーヨンとシルクが主役のスキャパレリコレクション」という特集が組まれ、レーヌ・ボート＝ウィロメによる挿絵が掲載された。「コズミック」のドレスと、青紫のモアレ地で大きくあいた背中に鮮やかな赤い蝶結びのバッスルをあしらったドレスは、読者から大反響を得たという。スキャパレリは1934年からセロファン素材に取り組み、セリトース（酢酸セルロース）を用いて張りのあるリボン編みのジャケットやレース地に光沢感を与えた。セロファン・ベルベットの服や、透明セロファンの夜会用バッグ、セロファンの花と蝶の帽子飾りもあった。コルコンベとの共同開発でいちばん有名なのは「ガラス」の布地と呼ばれたロードファンだろう。繊細な合繊紡糸を用いた半透明のケープやチュニックが着る人を包み、そのスタイルは1935年2月6日号の『ヴォーグ』に特集された。

淡いブルーのサテン地に透明なロードファンをのせたチュニックスカートをまとうヴィットリオ・クレスピ夫人。『ヴォーグ』は、夫人がスキャパレリの「ガラスのドレスに夢中」だと伝えた。生地はコルコンベ製。ホイニンゲン＝ヒューン撮影。

次頁　レーヨンとシルク：ロンドンサロンでのプレゼンテーション風景を描いた『ヴォーグ』の挿絵。レーヌ・ボート＝ウィロメ画。

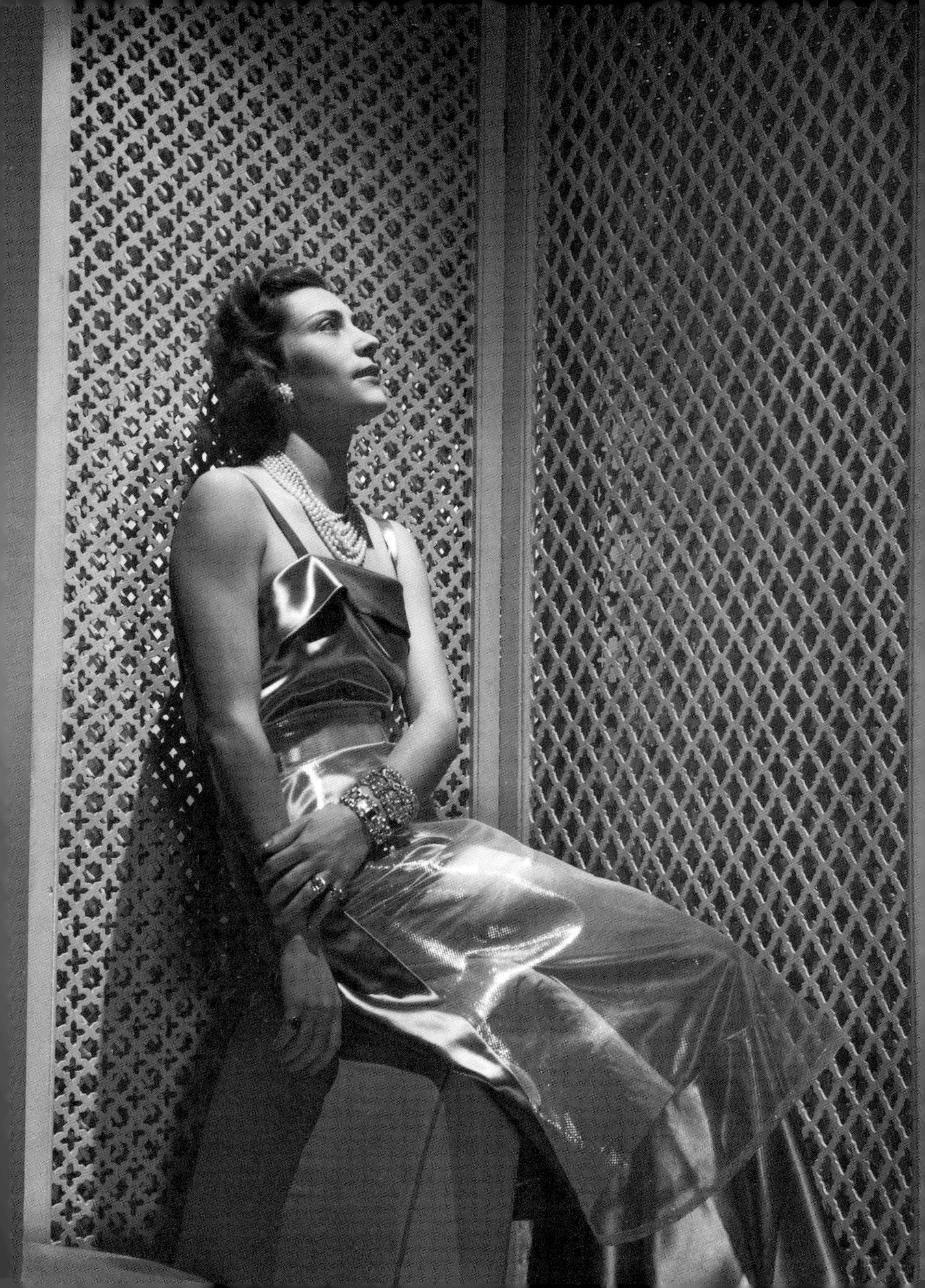

R B Williams

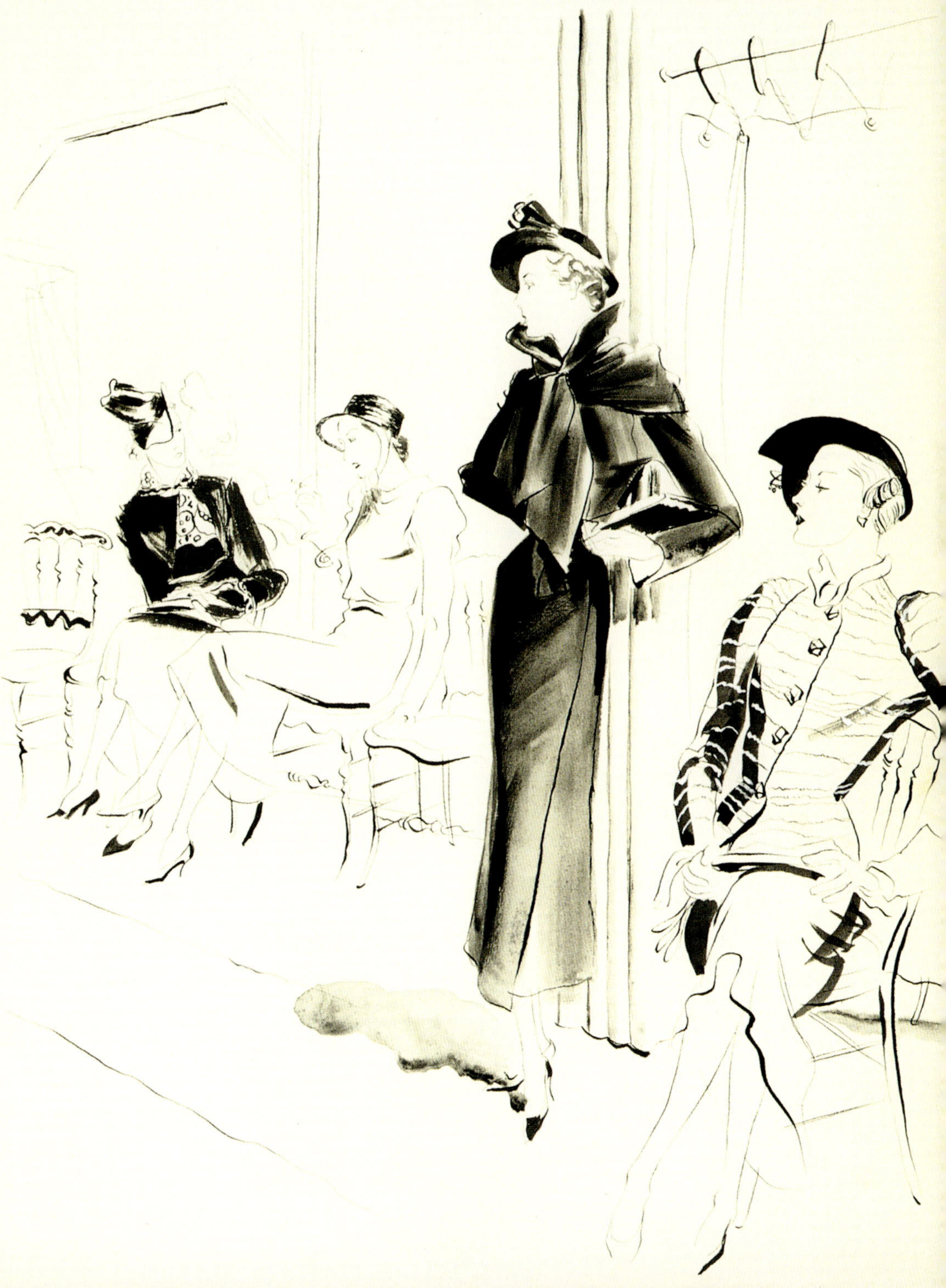

"貴婦人"のひとり、ハリソン・ウィリアムズ夫人が、ピンクのガラスドレスにピンクの椿をつけた姿は、スキャパレリいわく「神々しかった」。

　スキャパレリのファスナー使いによって、ドレスはもはや頭からかぶって着るものではなくなった。足を通して着られることで、デザインの可能性は格段に広がった。だが、斬新さを常とするスキャパレリである。ファスナー使いのアイディアをそこにとどめることなく、帽子に取りつけたり、プラスチック製のものをつくったり、鮮やかな色合いで展開したりと、モダンさを前面に打ち出していった。

　1932年、カーメル・スノーが『ヴォーグ』から『ハーパース・バザー』へ移籍した。この一件が、出版社のコンデナスト、そして編集長のエドナ・ウールマン・チェイスの許しを得ることは決してなかった。『ハーパース』は『ヴォーグ』ではまずあり得ないことをやってのけた。デザイナー別の評価を誌面に掲載したのだ。1934年11月号の『ハーパース・バザー』では「10大デザイナー」と銘打った特集を組み、マドレーヌ・ヴィオネを「もっとも偉大なデザイナー」と発表した。一方でスキャパレリに対しては、次のように敬意を表している。「フランス服飾業界で最高に大胆かつ独創的な人物であり（中略）、ほとばしるエネルギーとあふれんばかりの創造性に富んだ現代的な発想の持ち主（中略）。色彩を操る女性版ポール・ポワレである。パリは、双頭の子牛のごとき奇抜さを彼女の毎シーズンのコレクションに期待する。彼女の代表的なシルエットは摩天楼さながらに構築的だ。その服は着ることが難しいと揶揄する向きもあるが、彼女の熱心な支持者がそんな批判に耳を傾けることはない」。スキャパレリは素材への影響力において歴史に名を残すだろうと『ハーパース』は予言した。そして、その"奇想天外さ"は彼女に『タイム』誌の表紙を勝ち取らせたのだった（1934年8月13日号）。

スキャパレリは1935年『ヴォーグ』掲載の広告で、プラスチック製の「ライトニング・ファスナー」を打ち出した。

'マダム・エルザ・スキャパレリは
小物を賛美し、ボタンを迫害する。
同時代の誰よりも奇抜で独創性に富んだ彼女は、
"天才"と呼ばれることのもっとも多い人物だ'

「タイム」

VOGUE ON　エルザ・スキャパレリ

Schiap and the Zipp

Zipps on day suits, on evening gowns, on cocktail trouser suits. Zipps at front, side or back, in every colour of the rainbow, matching, contrasting... always decorative, always practical. Schiaparelli has made plastic zipps a feature of her recent collections, and continues —as do other leading couturiers—to **use** them for fashion fastening.

'LIGHTNING'
TRADE MARK
COLOURED PLASTIC ZIPP FASTENER

'Lightning' is a trade mark, the property of Lightning Fasteners Limited, a subsidiary company of Imperial Chemical Industries Ltd.

Enquiries should be addressed to:
IMPERIAL CHEMICAL INDUSTRIES LIMITED
Dept. L.F.10, IMPERIAL CHEMICAL HOUSE
LONDON, S.W.1

Sales Offices at London, Birmingham
Manchester, Glasgow, Bristol, Leicester
Newcastle-on-Tyne, Belfast, Dublin

Sole Manufacturers: Lightning Fasteners Limited, Kynoch Works, Witton, Birmingham, 6

ファッションとは、小さな事柄、流行、
さらには政治によって生まれるものだ。
細かなプリーツやひだ飾り、装身具、
それから簡単に真似のできる服を
つくろうとしたり、あるいは
スカート丈を長くしたり短くしたりすることで
生まれるものではない

エルザ・スキャパレリ

不可思議に、そして美しく

スキャパレリいわく、1935年は「この上なく斬新なイマジネーションの天空へと」舞い上がった年だった。フランスクチュール界のローマ人デザイナーにとって、新たな時代が幕を開けたのだ。スキャパレリはメゾンを新しくホテル・リッツのほど近く、ローマ皇帝のような衣装のナポレオン像に見守られるヴァンドーム広場21番地に移した。この場所で彼女の真骨頂となるシュルレアリストとの共同製作が始められ、その最高傑作が生み出されることになる。芸術家と同じく、彼女は「完全な表現の自由に身を任せてデザインし、恐れることなく向こう見ずに突き進んだ」。仕事に対するこの揺るぎなさは、『ハーパース・バザー』の「10大デザイナー」特集に反応してのことだろうか？ そうかもしれない。感受性の鋭いスキャパレリは、「奇抜な仕立屋で、語り継がれるべきはその革新的素材」という表現に傷ついたに違いない。一方で「偉大なるマドモワゼル」のシャネルは、「パリでも精鋭の輝かしき芸術家集団」の中心的存在と評されたのだからなおさらだ。スキャパレリもまた、自邸のビストロでコクトーやベラール、ピカソといった友人たちにスパゲッティをふるまい、華やかな晩餐を囲んでいたではないか？

ヴァンドーム広場21番地の新しいスキャパレリサロンのオープニング。セシル・ビートン画。

初のデザイナーブティックとなったヴァンドーム広場21番地の店は、30年後のロンドンでバーバラ・フラニッキが創設したビバの先駆けとなる、それまでにないデザイナー"体験"でもあった。1階の「スキャップ・ブティック」では、既製服、ニット、ビーチウエア、ランジェリー、帽子、ジュエリーとアクセサリーを販売した。装飾はロココ様式（モダニズムから移行したこの時代の風潮を反映している）で、内装は白を基調としていた。華麗な彫刻を施した木板は、多才な装飾デザイナーのジャン＝ミシェル・フランクによって金色に塗装され、柱とらせん状の灰皿スタンドは彫刻家のアルベルト・ジャコメッティが手がけたものだった。2階フロアのサロンでは、ひだ飾りをつけた白地コットンピケのカーテンが天上から床まで垂れ下がり、洗練の白とブルーをテーマカラーとした。そこにはまさにファンタジーがあった。1937年には巨大な金めっきの鳥かごが香水"部屋"として据えられ、メゾンのマスコットである木製マネキンのパスカルは、今やマダム・ベルジュリとなったベティーナ・ジョーンズがディスプレイしたウィンドウ越しに店内をのぞき込む見物人たちを、無表情に見つめていた。

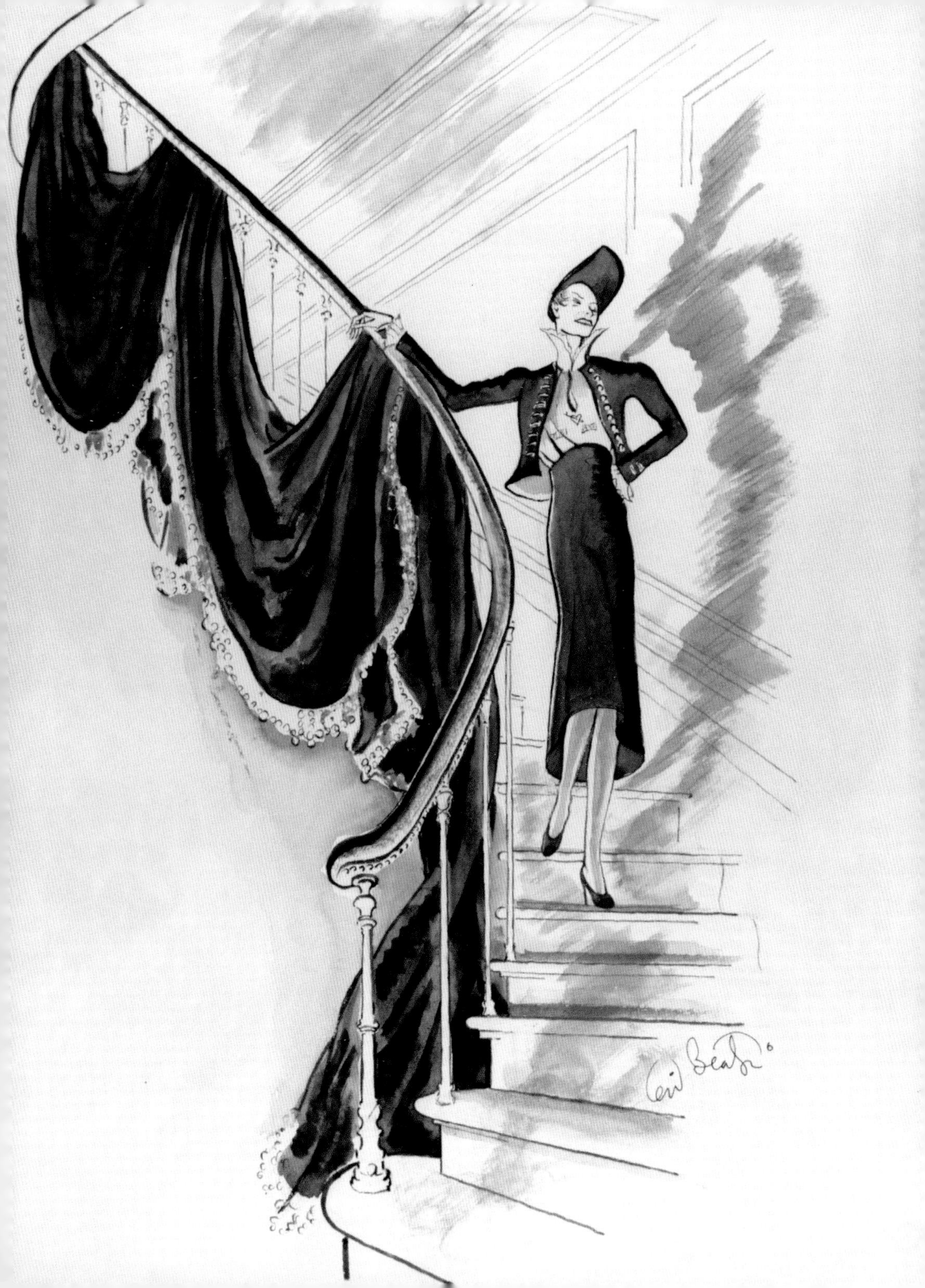

'スキャパレリの顧客は、
容姿が美しいか否かを
気にする必要がなかった。
彼女自身が
ひとつのタイプなのだから'

ベティーナ・バラード

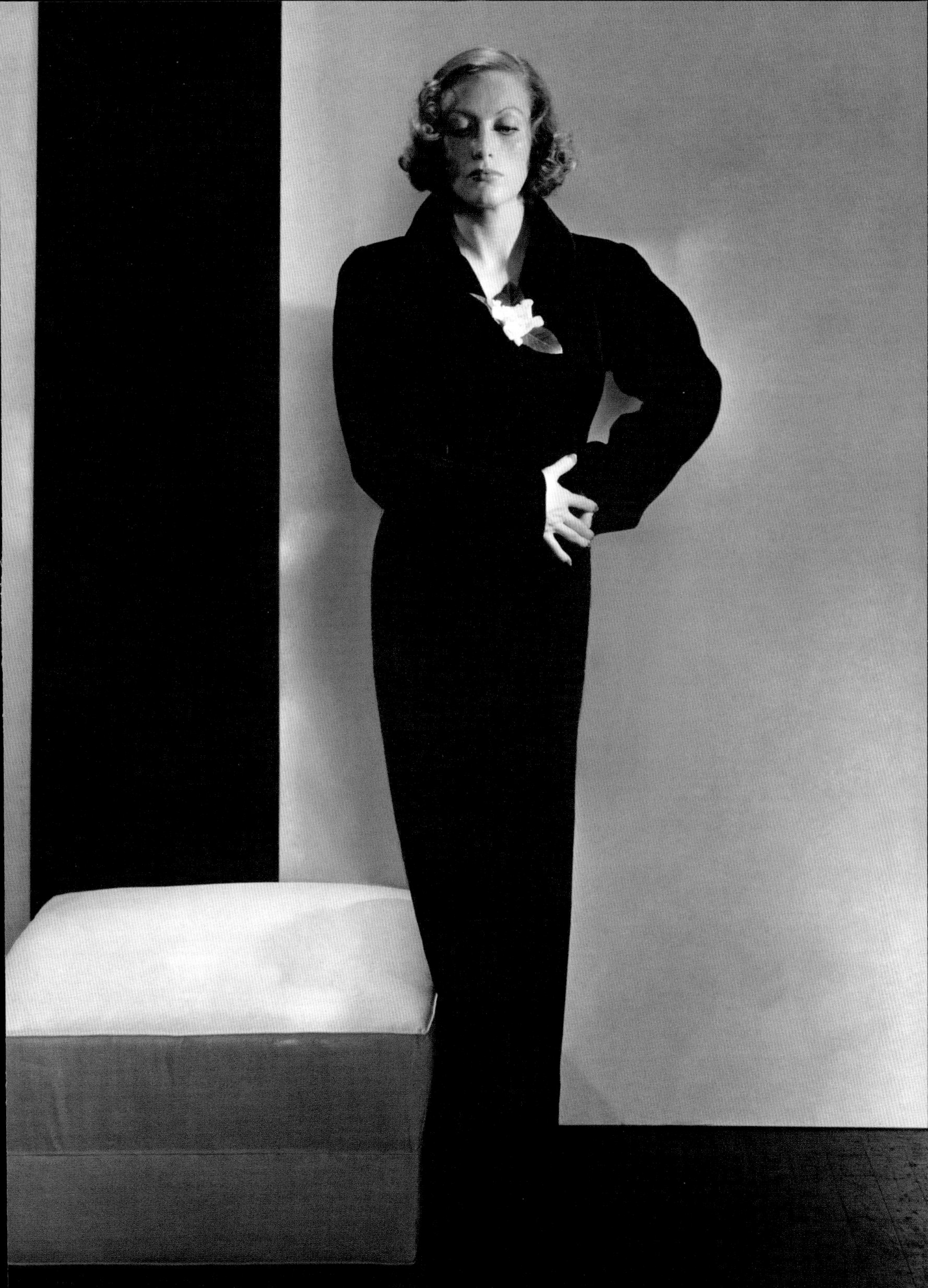

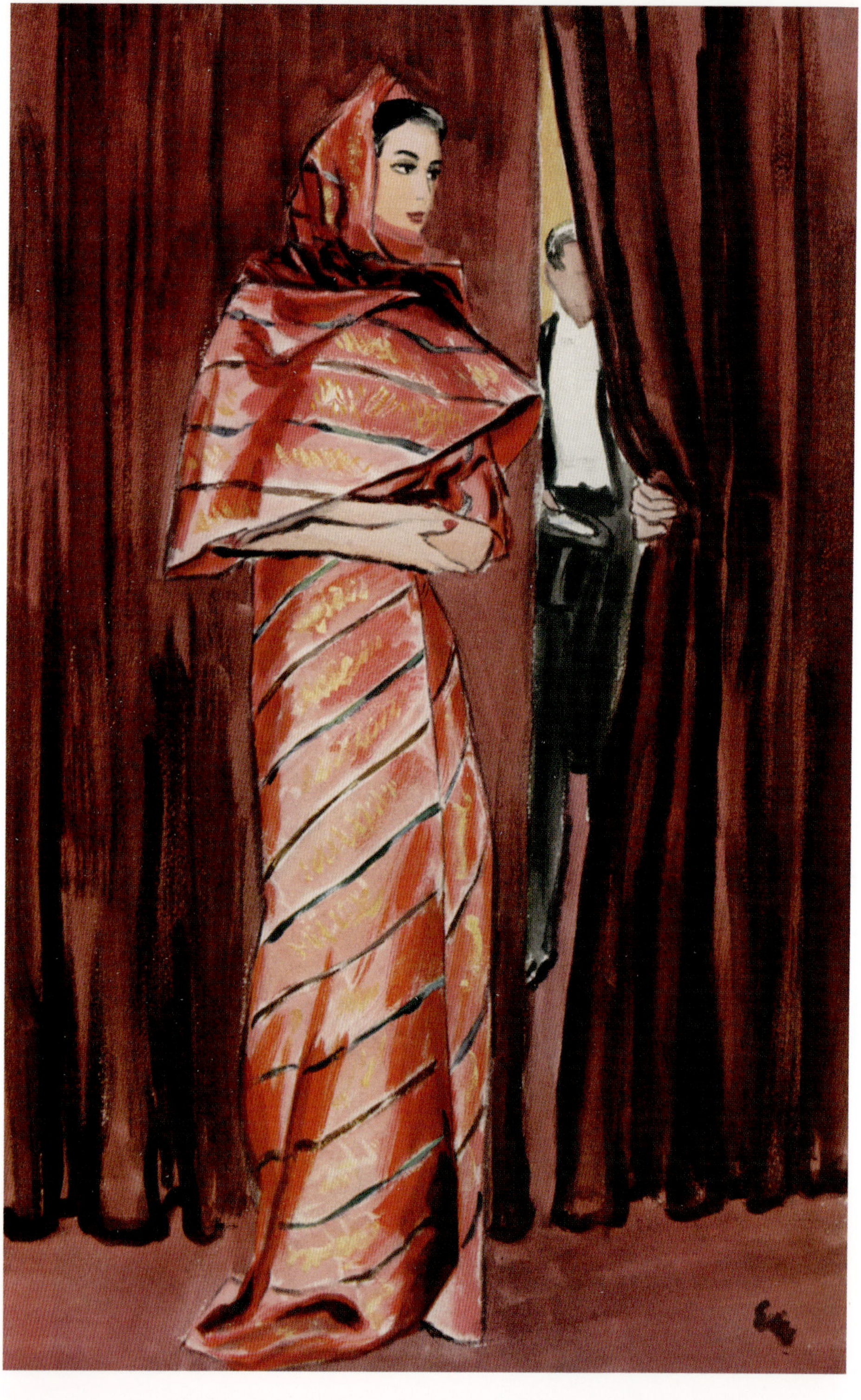

ブティックの様子はフランス版『ヴォーグ』誌面で紹介され、執務中のスキャパレリや、ショッピングに訪れて6着の衣装を購入するマレーネ・ディートリッヒの写真などが掲載されている。スキャパレリはきらびやかなスター集団という後援者に囲まれていた。ジョーン・クロフォード、クローデット・コルベール、ノーマ・シアラー、マール・オベロン、ゲイリー・クーパー、（スキャパレリいわく「幾重もの毛皮に巻かれてキツネに変身した」）コンスタンス・ベネット、グロリア・スワンソン、そしてグレタ・ガルボなど、彼女たちはスキャパレリの"一部分"を買っていったのだった。ベティーナ・バラードはスキャパレリの顧客についてこう言及する。「どこへ言っても彼女は注目された。それは、楽しく話題に事欠かない魅力という鎧に守られていたからだ。その服は彼女自身のものというよりもスキャパレリの分身だった。つまり、誰かの"粋"を借りると同時に自信までをも身につけていたのだ」

ヴァンドーム広場21番地での初コレクション「立ち止まって、見て、聞いて」は、当時の政治・社会・芸術的変化を反映したものになるとスキャパレリは発表した。この1935年2月のコレクションを、『ヴォーグ』はまさに時代の旬だと評している。「ゴール人的な華やかさがはじけ、フランスの創造力の炎がふたたび息を吹き返したようだ。これほどウィットに富み、陽気で洒脱なコレクションは実に久しぶりである。西洋諸国を仰天させたのはヒンドゥー教徒のイヴニングドレスだ。メゾンのオープニングには、祝いの品々や花やシャンパンが届けられ、東洋の王女風マネキンたちが押し寄せた。頭にはサリーやイラム*のスカーフを巻き、体をゆったりと包んで覆うドレスは、マハラジャ妃の衣装というよりも、戦前にアイリーン・カッスルが身につけたポワレ風の舞踏衣装のようだった。さあ、急いで！新しいモードの誕生だ」。このヒンドゥー教徒風のイヴニングドレスは、ファッション評論家たちの度肝を抜いた。東洋哲学に魅せられ、1913年にはバクストカラーのドレスをまとったスキャパレリである。彼女は、インドのカプルサラのカラム王女が1934年にパリを訪れた際の、伝統的なサリーと華麗な宝飾品に彩られた姿に感銘を受けていた。19才の王女の美貌と洗練されたスタイルは、『ヴォーグ』から「現世に舞い降りた女神」とうたわれた。

新しいサロンの幕開けは華やかなものだった。「空想的なアイディアと創造力

1935年の「立ち止まって、見て、聞いて」コレクションでは伝統のスタイルを再現し、「ヒンドゥー教徒」のイヴニングドレスを打ち出した。その夏、レディ・メンドルはこのインド王妃スタイルでデイジー・フェローズの東洋の舞踏会に出席した。エリック画。

前頁　1932年にエドワード・スタイケンが撮影したハリウッドの歌姫、ジョーン・クロフォード。スキャパレリの黒ベルベットのラップドレスをまとっている。

*イスラム教徒がメッカ巡礼の際に身につける衣服

がわき起こった」とスキャパレリは言う。「人が何と言うか、それどころか実用性にもまったく関心がなかった」。一方、日常生活を映し出したデザインもあった。コペンハーゲンで目にした魚売りのデンマーク女性たちの斬新さに感銘し、新聞紙プリントの帽子を発表した。彼女たちは皆それぞれ、新聞紙を"風変わりな形"にねじった帽子をかぶっていたのだ。そこでスキャパレリは、自分のことを報じた新聞記事を(称賛、批判に関係なく)コラージュにして光沢のある木綿サラサにプリントするようコルコンベに依頼した。でき上がった布地は突飛で遊び心にあふれ、セシル・ビートンは『ヴォーグ』のためにそのイラストを描いた。

スキャパレリのサリーは、師であるポワレの華やかな東洋趣味とは違って"完全なるシンプリシティ"を追求した彼女ならではの形であり、なおかつ当時の快楽主義や世相にも合うものだった。ヨーロッパの列強がすべて植民地を従えていたこのころ、パリの夏の主役と言えば社交界の名士たちである。レジナルド・フェローズ夫人の東洋の舞踏会(総督宅での夕べ)では、ヌイイ=シュル=セーヌにあるフェローズ宅の庭園が異国情緒あふれる楽園に変身した。デイジー・フェローズはスキャパレリがデザインした白サテン地のチョンサン(伝統的な中国服)とアントワーヌの派手なカラーウィッグを、レディ・メンドルはインド王妃風ドレスを身につけ、デザイナー自身は18世紀ヴェネチアの騎士見習いに扮装した。ホルストが撮影したパーティ出席者たちの姿は『ヴォーグ』誌面を飾っている。

デイジー・フェローズの東洋の舞踏会で18世紀ヴェネチアの騎士見習いに扮したスキャパレリ。ホルスト撮影。

1935年
8月の「王党派と共和派」(ロイヤリスト・アンド・リパブリカン)コレクションは、それまででもっとも政治色の濃い内容だった。スキャパレリはイタリアの独裁者ムッソリーニの台頭に恐怖心を抱き、「独裁政治という新しい考えが広がっていくのを、不安な気持ちで見つめていた」と記している。概して政治的に中立的な立場の『ヴォーグ』だったが、ムッソリーニによる1935年のアビシニア侵略を機にその考えを表した。オックスフォード・アスキス伯爵夫人のマーゴット(スキャパレリの顧客のひとり)は、イギリスファシスト連合を先導したオズワルド・モズレー卿を公然と非難する記事を寄稿している。「我々は、いかさま師のムッソリーニや、愚かな黒シャツ隊や、自己宣伝に走る成り上がり者の存在を信じはしない。我々は独裁者たちを憎悪する」。スキャパレリにとってもまた、「世界はまるで弱った風船のように四方八方から引っ張られていた」

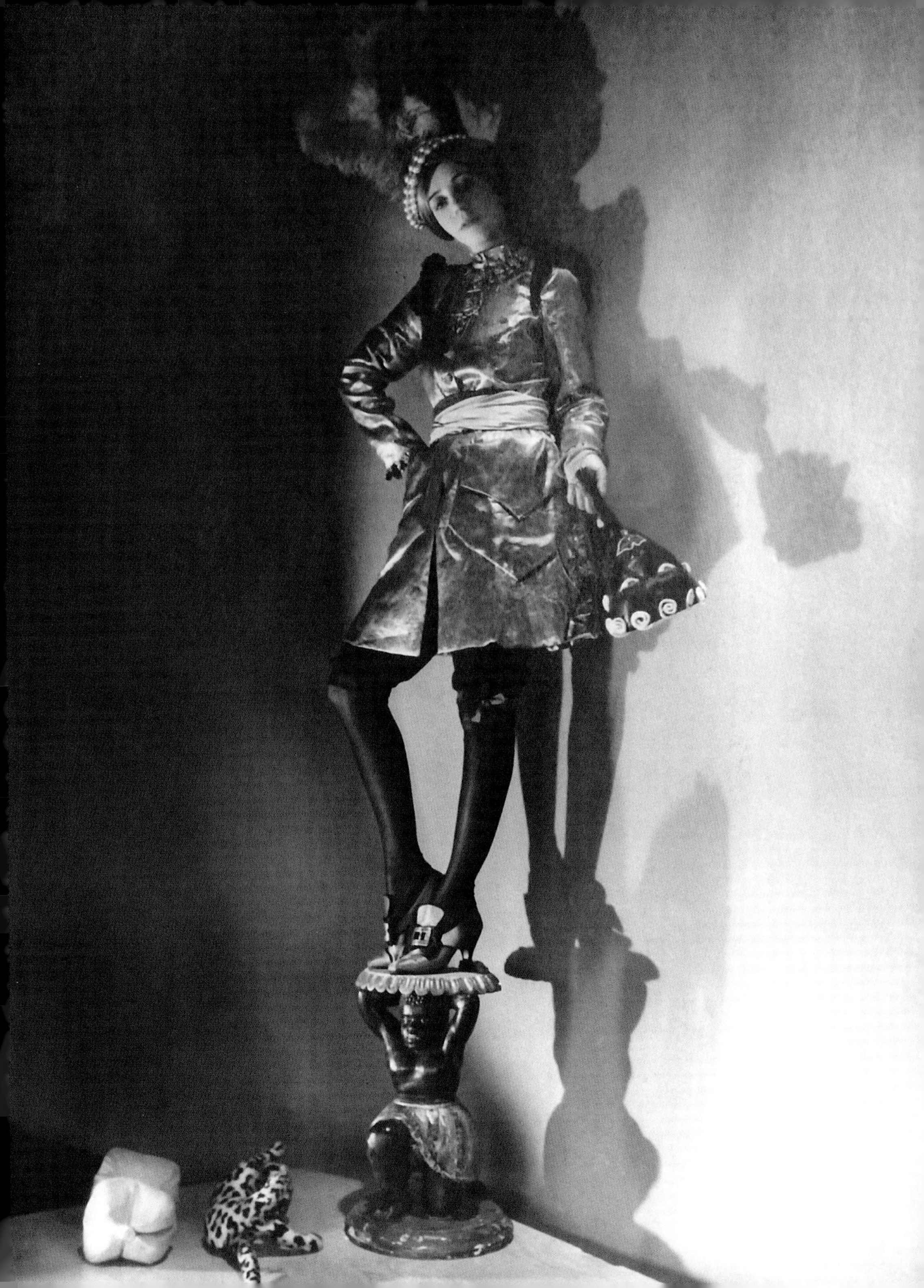

こうした政治情勢を反映して「王党派と共和派」コレクションでは流行の黒を控え、"ルージュ・ゴロワ"、"ロイヤル"ブルー、"インペリアル"パープルといった色を打ち出した。『ヴォーグ』は、青いコートを指して「スキャパレリは君主制の華麗な色彩をもって右翼に傾いた」とし、"革命の赤"を用いたくるぶし丈のテーラードコートを「過去10年間でもっとも洗練された左翼」と評した。どちらもフランス人の芸術家でイラストレーターの"ベベ"ことクリスチャン・ベラール（1935年初めに『ハーパース・バザー』から移籍）が挿絵に描いている。それはドラマティックかつウィットに富んだものだった。エリックは、シルバーフォックスの羽飾りつき共和国親衛隊の「兵士」のヘルメットをイラストにし、またベラールの挿絵には、「ジュリエット」と名づけたメッシュのスヌード（ヘアネット）と、長いセロファンまつげをつけた"お遊び感覚の"仮面が描かれていた。

ジャン・コクトーによる影響は明らかだった。彼の初監督作品であり、物議を醸した映画『詩人の血』で、コクトーは（つけまつげはないが）仮面を登場させていたのだ。1930年10月号のフランス版『ヴォーグ』は、同作品のメーキング写真（マン・レイ撮影）を掲載している。当時のコクトーについてスキャパレリは、「人というよりもむしろ純粋な魂であり、その場にいる人すべてを一瞬にして沈黙させる会話の才に恵まれていた」と言う。『詩人の血』は同性愛的で反宗教的だという見地から、スキャパレリとフランス版『ヴォーグ』はどちらも前衛的な立場だと見なされた。スキャパレリのサロンでのプレゼンテーションを受けた作家のアナイス・ニンは、1935年の手記でこう語った。「デザイナー以前に、彼女が画家や彫刻家だったとしてもうなずける」

シルバーフォックスの羽飾りつき兵士のヘルメットと、シルバーフォックスとウールの「ストラ」を巻いた黒いウールコート。エリック画。

次頁　クリスチャン・ベラールが描いた「王党派と共和派」コレクション。セロファンまつげがついた仮面に注目。君主制を象徴するパープルのシルククレープ地のドレス。真珠とゴールドのタッセルでつまみ、体のラインに沿って流れるような落ち感がある（左）。ねじったベルトと肩にかけてドレープを寄せたスカーフが特徴なグレーのシースドレス（中央）。『ヴォーグ』が"革命の赤"とうたったくるぶし丈のコートは「兵士と同様に容赦なく」裁断されている（右）。

'時代の空気をとらえたスキャップは、
　　　壮麗な服を打ち出した'

エルザ・スキャパレリ

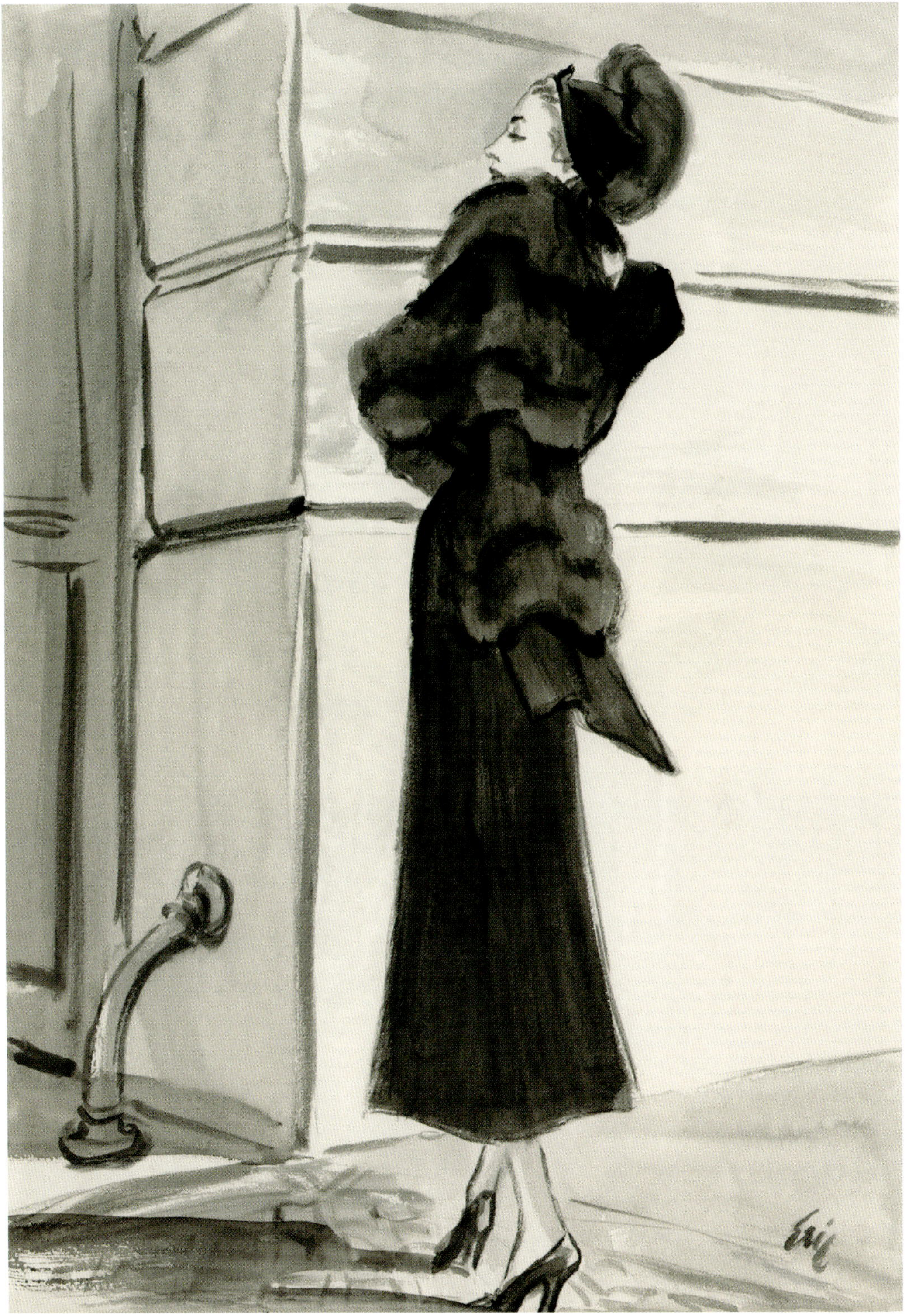
Eric

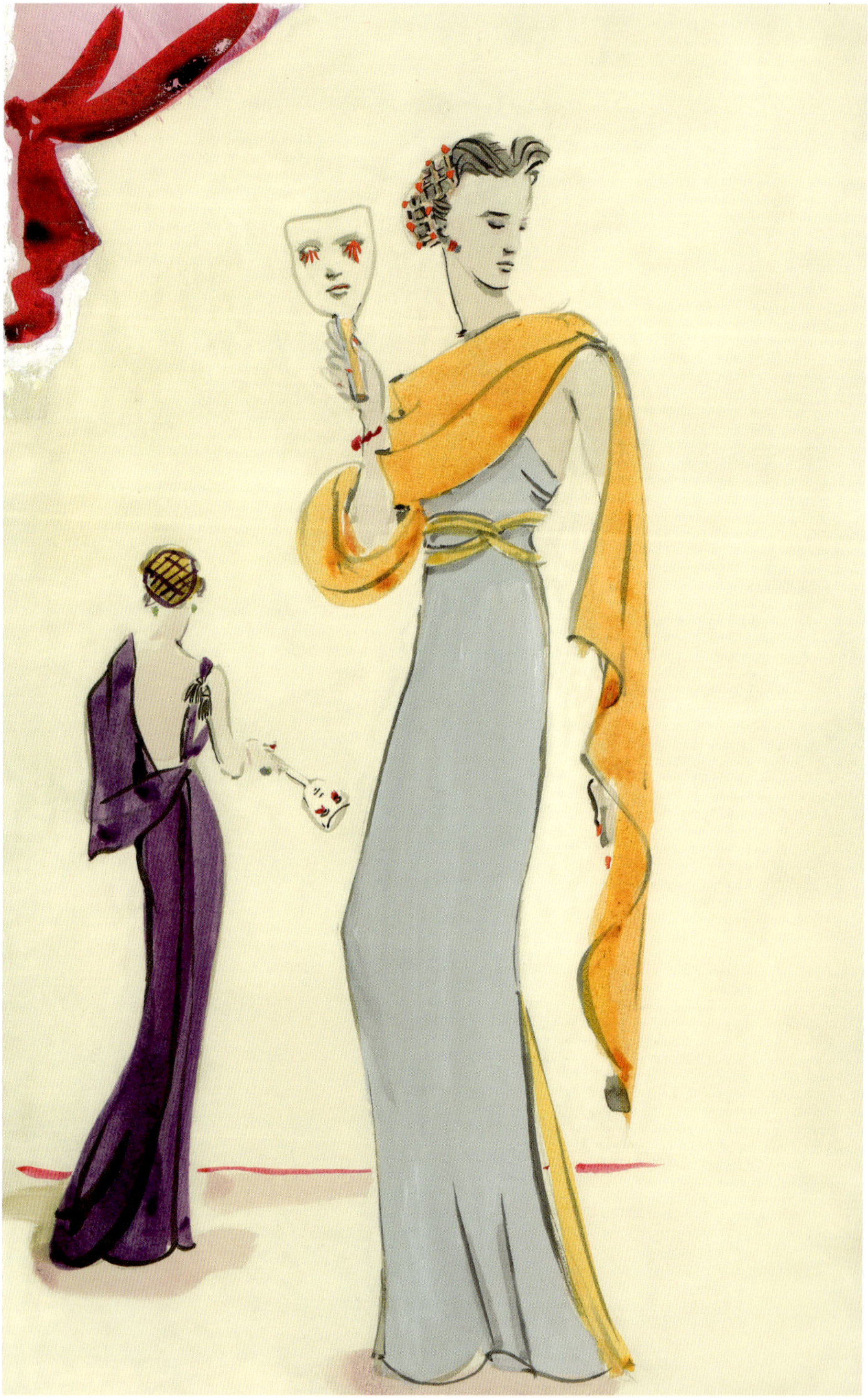

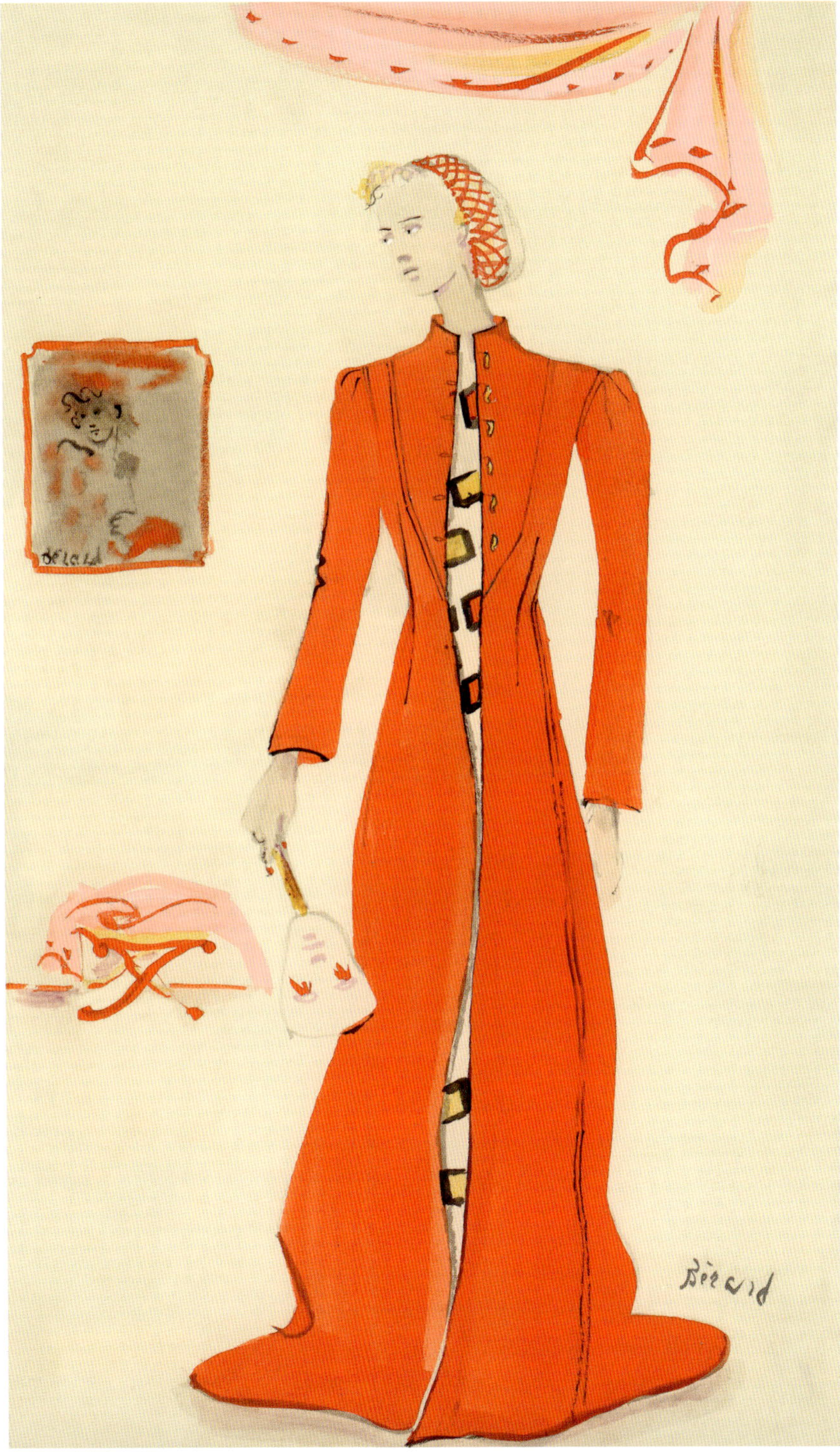
Bérard

1936年3月4日号の『ヴォーグ』。スキャパレリとスターリンの「あり得ない対談」と題した、画家ミゲル・コヴァルビアスによるカリカチュアでパラシュートドレスを皮肉った（左）。
パラシュートに興じるロシアの人たちをヒントに、パラシュート形スカートのディナードレスを考案した（右）。
エリック画。

　政変による大混乱にあってもスキャパレリは冷静だった。彼女は、1935年11月にモスクワで初開催のフランス見本市に、デザイナーとして唯一参加している（ホーテンス・マクドナルドとセシル・ビートンが同行したこの旅だが、スキャパレリが共産主義に傾倒しているといううわさが流れた。ビートンが手記でその内容をにおわせ、『ヴォーグ』に明かしたのだろう）。この旅でデザインしたのは、ロシアからインスピレーションを得た、ソヴィエト女性のための服（結局、生産はされなかった）——仕事場でも劇場でも着られるシンプルなハイネックの黒いドレスに、黒の裏地をつけ大きなボタンで留めるゆったりした赤いコート、ファスナーポケットつきの「すべての女性が簡単に真似できる」ニット帽を合わせたものだった。次なるコレクションの1936-7年秋冬シーズンで打ち出したハイウエストの「パラシュート」形ディナードレスは、パネル状のスカートがふくらみ、着る人を「水に浮かぶ花」のように見せた。スキャパレリいわく、「普通ならばソ連から期待できるものではない」

'今やスキャップは本腰を入れて仕事をしていた。
もうゲームではない。足首につながれた鎖のように、
ビジネスという厳しい側面を忘れることはできない。
だが、歴史の動向を感じて
その先をいかなければならなかった'

エルザ・スキャパレリ

VOGUE ON　エルザ・スキャパレリ

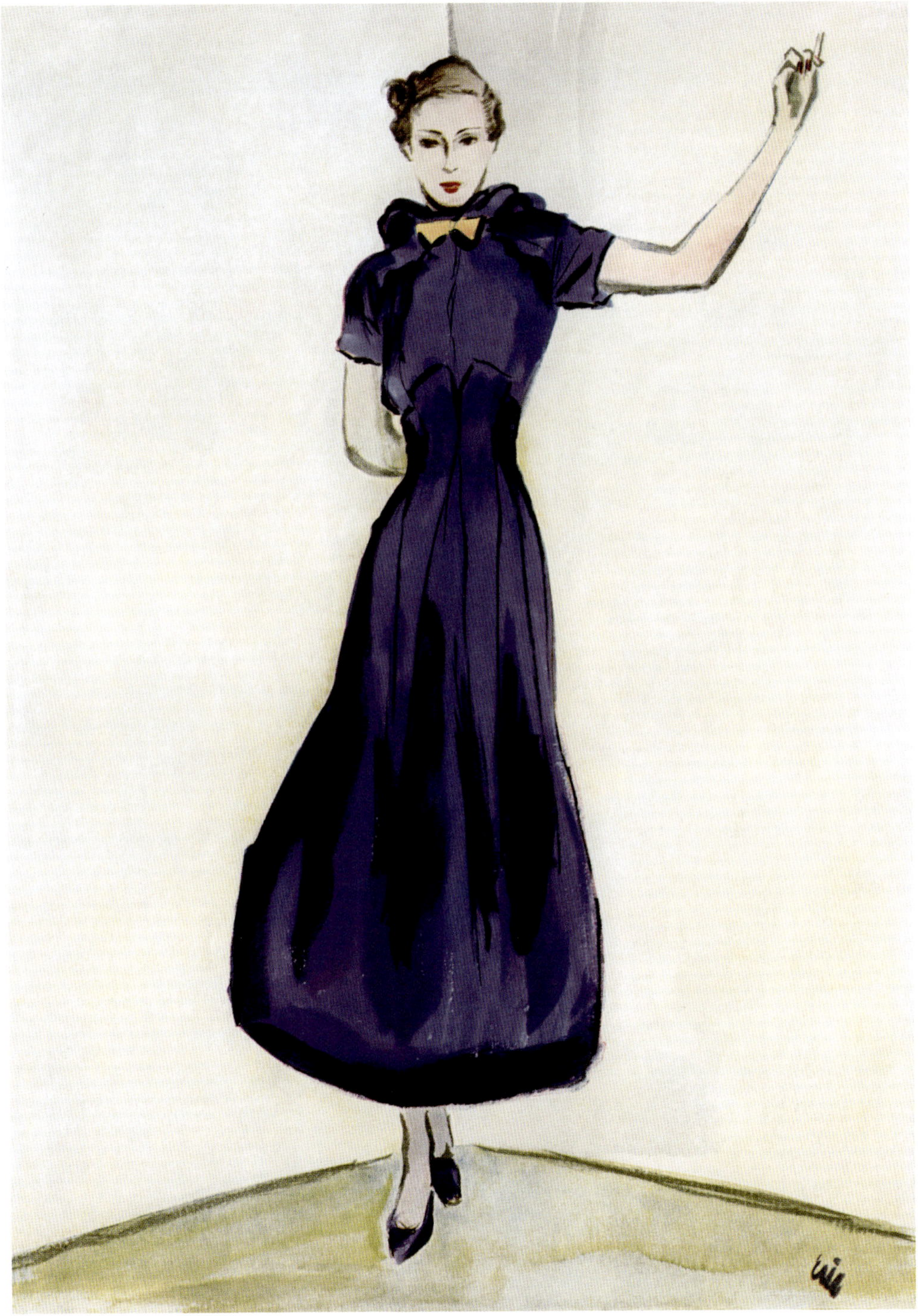

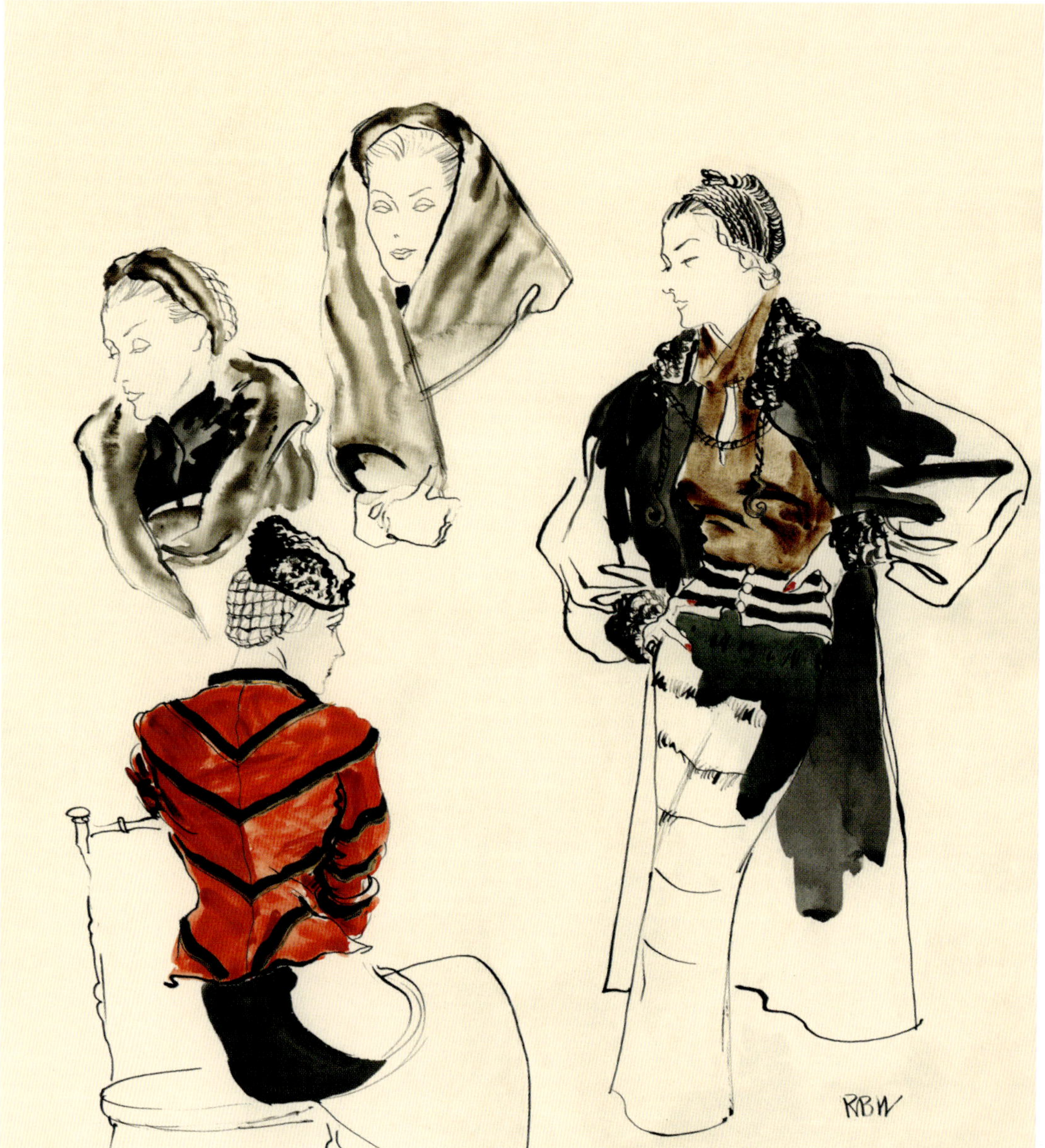
RBW

'頭につけるものはすべて、
何かを象徴する
シュルレアリスムの表現だ。
最初から、彼女は私にとって
誰よりも大きな存在だった……。
スキャパレリは過激で
突飛なことをやってのける。
彼女は心躍らせる服をつくり、
つねに独創性に富んでいた'

スティーヴン・ジョーンズ

スキャパレリの帽子は、
さながら前進する反乱軍のように
眉から立ち上がったり
空高く突き出したりして、
前へ前へとせり出すのだ

「ヴォーグ」

1937年夏コレクションの帽子（左）。赤のテーラードジャケットと円筒形のシェシア帽、淡いライラック色のジャケットにカニ形のボタン、夜会用ドレスとショッキング・ピンクの指なし手袋。
マッチ入れとマッチを擦る面のついたスタイリッシュかつ実用的な手袋（上）。アーウィン・ブルメンフェルド撮影。

前頁　ミンクコートとオプションのミンクフード。左はフードを襟元にあしらい、髪をまとめてミンクで縁取ったヘアネットの「ジュリエット」を見せたスタイル。金ラメをちりばめた赤サテンと黒ベルベットのカクテルジャケットは、黒のクレープドレス、黒いネットつきベルベットの編み込みトーク帽に合わせている。
レーヌ・ボート＝ウィロメ画。

Bright dark printed foulard blouses with light tailored suits; circus motifs for fastenings: Schiaparelli (London)

Spring Kaleidoscope

All the shades of spring flower beds meet and mingle in shifting colour combinations in the spring kaleidoscope. There are quantities of yellow and pink and purple and green; many prints in the formal foulard and tie-silk category. There is a basic feeling for light bright coats and suits over darker dresses and blouses; a marked use of contrast in piping, encrusting, plaiding; a strong tendency for suits to have nipped jackets and narrow skirts; dresses to have bloused bodices and soft skirts; coats to be of the close-pared redingote type, open from the waist downwards to show bright dresses beneath. And joyous circus motifs evolved by Schiaparelli's ever-inventive brain.

『ヴォーグ』のアクセサリー特集で過激なアイディアが登場すれば、決まってスキャパレリのものだった。そこでは、昼間用の地味なスーツを華やかに演出する小物や、イヴニング用のメゾン・ルサージュによる刺繍の装飾が紹介された。宝石職人であり芸術家のジャン・クレマンのプラスチックを操る技術と卓越したデザインは、スキャパレリの装飾品に対する"ショッキングな"空想の数々を形にしていった。アスピリン錠のネックレス、靴紐やコーヒー豆のボタン、ルイ金貨のボタン、バッグ、締め具、小物類（魚のうろこのブレスレットやロブスターの留め具など）、さらにはセロファン製の夜会用バッグや仮面もクレマンの作品だ。「彼はほとんど狂信的とも言えるほどの愛情で仕事をした。服の留め具のアイディアは尽きたかと、私たちがあきらめかけたところにやってくるのだ。そして、ポケットの中身を私のひざにのせながら勝利の笑みを浮かべ、賛美の言葉を待ちわびるのだった」と、スキャパレリは回想した。

1936年以降のスキャパレリのデザインに見られる自然界のモチーフ、たとえば昆虫や野菜、貝殻、海の生き物などは、シュルレアリストたちの影響がじかに現れたものであり、遊び心とともに挑発的な効果を生んでいた。（ダリは、ヒトデやロブスター、人魚といったブローチを共作でデザインし、また当時の電話器からヒントを得てロブスターを受話器にした電話形のバッグを生み出した。）

スキャパレリのデイウエアはやはり構築的だったが、もはやシルエットの誇張はなくなった。代わりに重点を置いたのは、肩のラインと細身のシルエット、刺繍、ボタン、小物による装飾だ。そして脚光を浴びたのが、1936年2月に発表したミッドシーズンのシャツコート（建設現場で男性用の作業シャツにバイザーつき麦わら帽のモデルをビートンが撮影した）などのルックスである。対照的に、イヴニングウエアは贅を尽くした官能的なものだった。

1930年代後半のスキャパレリ物語は、刺繍の存在なくしては語れない。

かつての化学繊維や素朴な風合いのツイードに代わり、1936年のイヴニングラインで愛用したのは、モンキー、ビーバー、ミンク、フォックスといったソフトなファーと、金糸、クリスタル、シークイン、サンゴ、トルコ石などを使ったハードで立

『ヴォーグ』はスキャパレリの「陽気なサーカスモチーフ」を使ったスーツの留め具を詳述した。レイモン・ド・ラヴァルリーが描く「春の万華鏡」と銘打ったファッション特集。ジャン・シュルンベルジェが「サーカス」コレクションのジュエリーデザインを手がけている。

VOGUE ON エルザ・スキャパレリ

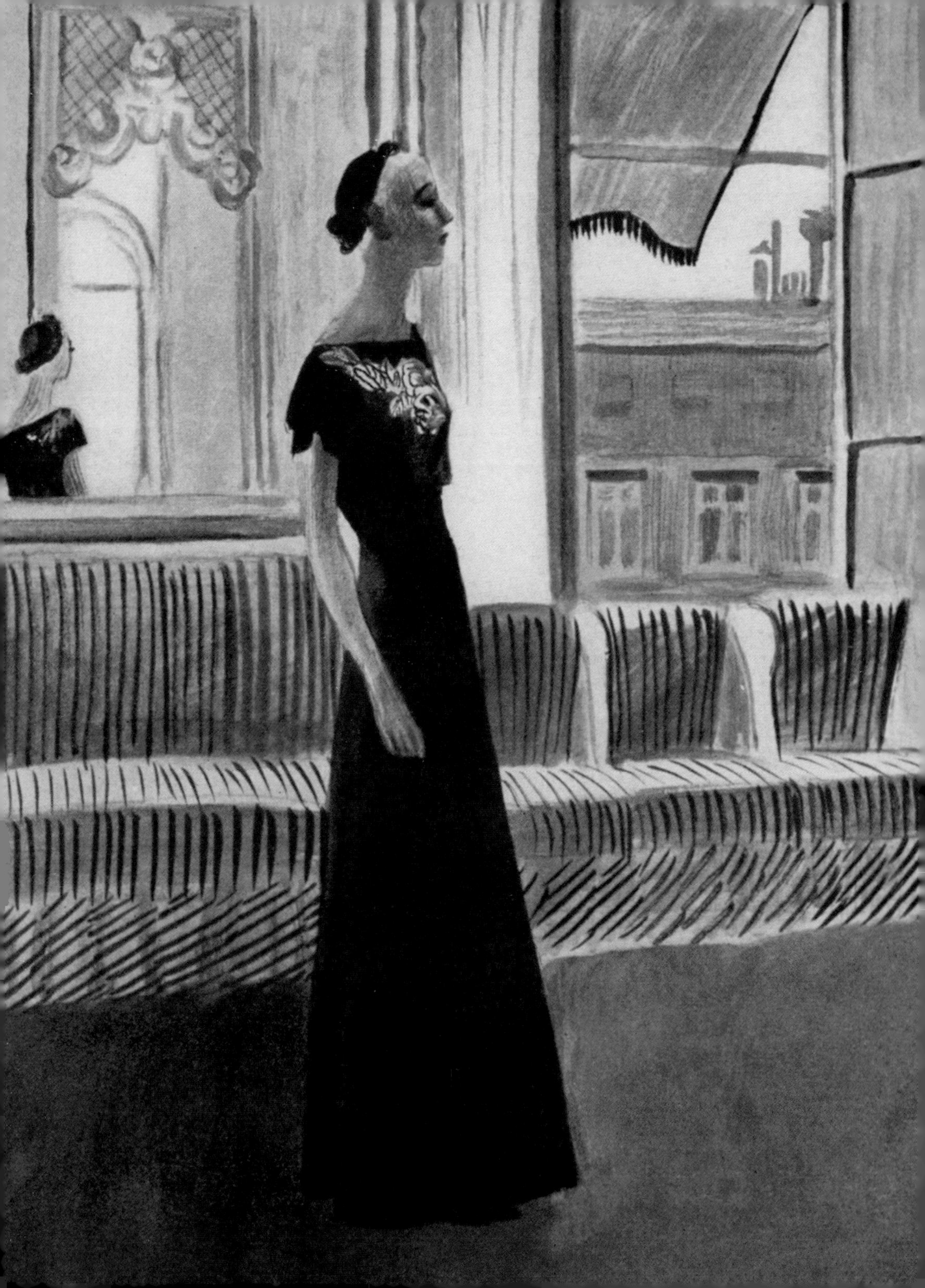

ヴァンドーム広場21番地2階のサロンを描いたルース・シグリッド・グラフスト
ロームの挿絵（左）。ルサージュが刺繍を施した「お出かけ用のリトルドレス」。
1937年にセシル・ビートンが撮影したデイジー・フェローズ（上）。ディナースー
ツを彩る「シークインの胸当て」は、スキャパレリがチュニジアからインスピレーショ
ンを受けたというシュロの葉形に、ルサージュが刺繍した。

体的な刺繍だった。

　1934年以降、スキャパレリの仕事と切り離すことのできないのが、刺繍専門アトリエのメゾン・ルサージュである。当時、景気後退によってルサージュは経営危機に陥っていた。フランスのファッション産業は20億フランの負債を抱えていたため、パリ・クチュール組合にはなすすべがなかったのだ。手をさしのべ、その活力と寛容さを示すことのできた唯一のクチュリエールがスキャパレリだった。彼女はアルベール・ルサージュに30分で来るようにと電話で伝え、その場で刺繍入りベルトを注文した。アルベールは「他のどの刺繍専門店も経験したことのない、5年間にわたる目まぐるしい波」に飲み込まれた（Palmer White 1986）。

　スキャパレリにとって刺繍とは、図柄の可能性を無限に広げてくれる存在だった。ベルトやトロンプルイユの襟に始まり、ジャケット、スーツ、コート、ガウン、ケープ、ボレロへと両者は商品を拡大していった。こうしてスキャパレリを象徴する代表作がルサージュとの共同製作によって生み出されていく。彼女はステンドグラスの窓や礼拝用の衣服にアイディアを求め、金糸、深い浮き彫り細工、金属の切り箔を用いた。また、ヴェネチアングラス、砂浜の小石、半貴石、シェニール糸、ミンク、そして（可能な限り）金を使った作品に取り組んだ。両者のコラボレーションによる影響力は"イヴニングウエアの革新"となって現れている。1936年8月19日号の『ヴォーグ』はこう書いた。「次に見えるのは、ビーズ刺繍のバラで胸元を装飾した、黒ベルベットのスリップドレス。それは、ベルトを使わないハイウエスト位置に5cmだけタックを入れた、緻密な計算によるシンプルなスタイルだ。結論を言おう。ビーズ、胸元の装飾、そしてスリップドレス、それが来たるべき未来のサインである。そう、まだに旬のスタイルだ」。実際に、ルサージュがアトリエを訪れると、スキャパレリは業者用の裏階段ではなく、友人と同様に必ず中央階段を上がらせた。彼女は職人たちにしかるべき尊敬の念を持って接した。彼らの力なくしてオートクチュールは存在しなかったのだ。

手の込んだ刺繍入りブラウス姿のチュニジアでのスキャパレリ（写真左）。彼女はこの旅行中、礼服や"鎧のように硬い"純金の花嫁衣装、"原始的な"ベルトや宝石類の数々を目にした。ホルスト撮影。

'パリモード界にときおり登場するお出かけ用のリトルドレスに、次なる流行を見る'

「ヴォーグ」

デザイナーとして、スキャパレリはファッション媒体に"ストーリー"を語る必要性を理解していた。そのためジャーナリストの評判は上々だった。ベティーナ・バラードはこう語る。「スキャパレリのコレクション後、『ヴォーグ』に外電を打つのは楽しかった。ショーで披露された心ときめくディテールやドラマはすべて記憶に残るものだった」と。スキャパレリのチュニジア訪問をアメリカ版『ヴォーグ』に報じた際には、彼女が創作活動で用いた様々なアイディアの源流を次のように表現している。「スキャパレリが実際に列車の切符を1枚買うたび、我々のこの世界に実り多き結果がもたらされる。おそらくチュニジアのボタンひとつひとつが彼女の潜在意識に刻まれ、それがまもなく我々のなかに刻印されるのだろう」

ゴーゴーがティーンエイジャーになるころには、ブティックは軌道に乗って経済的にも安定し、スキャパレリは今や創造力の翼に身を任せられるようになっていた。彼女がパリに居を構えていた時代は、芸術家、編集者、写真家、そしてデザイナーが手を携えて仕事をしたものだった。ふたつの大戦にはさまれたこの時期を振り返り、スキャパレリは1954年にこう綴っている。「当時の芸術家たちは、生活やファッションの発展に今よりはるかに大きな役割を果たしていた」

　1936年にはシュルレアリストのエンターテイナー、サルバドール・ダリとの衝撃的な初共作が注目を集めた。これは、自分の仕事は芸術とつながっていると考えるスキャパレリには満足のいくものだった。この考えは宿敵シャネルとは対極にある。一方のシャネルはスキャパレリを、服づくりに手を出している芸術家ぶったイタリア女と冷笑し、「私は芸術家肌の人間ではない」と誇らしげに言う。シャネルにとってクチュールとは「技巧、手仕事、商売」だった（Morand 1976）。スキャパレリに信条があるとすれば、次の言葉だろう。「ドレスのデザインは職業ではなく芸術である」。だが、彼女はファッションについてこう語ってもいる。「もっとも困難で、もっとも満足感を得られない芸術。というのもドレスは、でき上がった途端に過去のものになってしまうからだ。頭に描いたヴィジョンを形にするには、あまりにも多くの要素が介在してくる」

　スキャパレリがこの後4年間に仕事をしたのは、ほとんどが『ヴォーグ』関連の面々だ。『ヴォーグ』を芸術と文化を映し出す真のコンテンポラリー雑誌にするというドクター・アガの使命のもと、シュルレアリスムの影響はすでに誌面上で明らかだった。個人的にも抽象的思考や潜在意識に関心を寄せるスキャパレリは、シュルレアリスム運動の言わばモード部門担当だった。この運動の中核にはショックという概念があり、スキャパレリはこれを、嗜好、引喩、色彩、感触、形状という観点から作品に取り入れている。そして"ショッキング"の"sh"の音を"スキャパレリ"の"sch"の音にかけ、最終的には華麗な"ショッキング・ピンク"を展開することで、その可能性を最大限に広げていった。

　1936年6月11日から7月4日まで『ロンドン国際シュルレアリスム展』が、1937年2月にはパリで『シュルレアリスム国際展』が開催された。アガは『ヴォーグ』の1937年新春号において"超"現実主義について説明し、その文化的重要

シュルレアリストの夢の風景に見るスキャパレリ。金属ファスナーで締め上げたパープルサテンのドレスと、首元を紐で結んだハンターグリーンの厳織り地の修道士ケープ。アンドレ・デュルスト撮影。

VOGUE ON エルザ・スキャパレリ

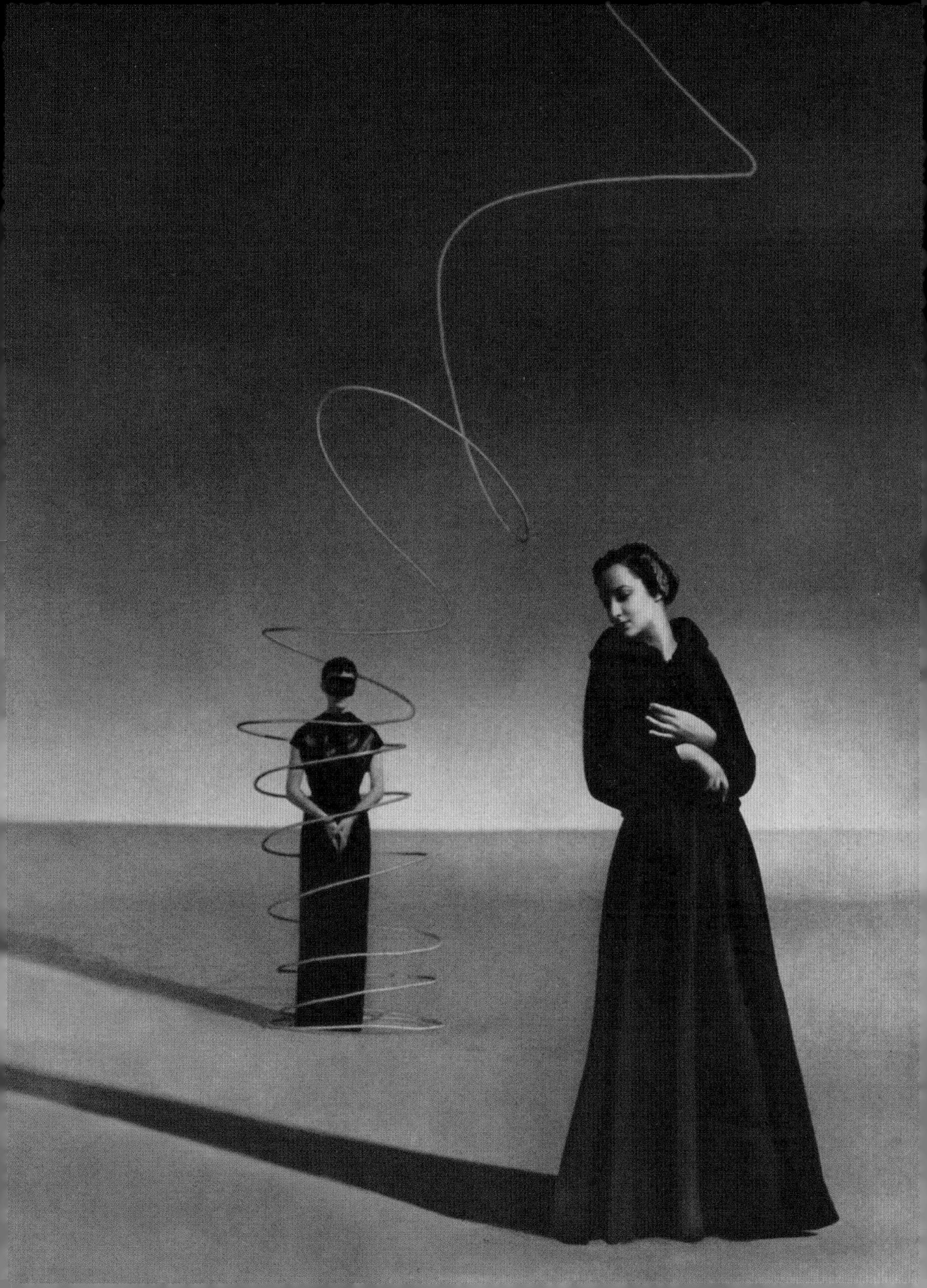

スキャパレリとダリとの共同デザインで生まれた「デスクスーツ」。
抽斗形のポケットは、着る人の内面を暗示している。
セシル・ビートン撮影。

性を強調すべきだと考えた。「もっとも扇情的な新聞でもダリを創造することはできない。シュルレアリストの文学と絵画の持つ色合いはすべて、病的なまでのシンボリズムや夢の重視も含め、フロイト哲学に影響を受けたものだ。彼らは、夢の研究と潜在意識の探求を通じてシュルレアリスム革命を実現し、現実と夢との結合、いわゆる"超現実"の世界を構築しようとした」

　アンドレ・ブルトンは1924年に「不可思議はつねに美しい」(Blum 2003)と述べている。この不可思議という概念をスキャパレリは作品に取り入れた。彼女の作風に他とは一線を画する戦慄をもたらしたシュルレアリスムの両義性を、スキャパレリはとても気に入っていたのだった。スペインのカタルーニャ地方出身の芸術家ダリの作品に、頭にロブスターをのせた妻のガラの肖像画(1934年)とロブスターの電話(1936年)がある。これらは、ボタンに形を変えて『ヴォーグ』1936年3月18日号に登場した。2月のコレクションレポートでは、『ヴォーグ』はとりわけスキャパレリの「茹でたロブスター」ボタンに注目し、「斬新で、魅惑的で、奇想天外なディテールから目が離せない」と述べた。

　スキャパレリが初めてダリ本人と仕事をしたのは、『ロンドン国際シュルレアリスム展』が衝撃を呼んだ1936年夏のことだ(ダリの妻にはドレスをデザインしていたが、請求書はダリの後援者エドワード・ジェームズに宛てられた)。ふたりは潜在意識と願望という概念をもとに、ダリの絵画『人の形をしたキャビネット』(1936年)を具現化し、小さな抽斗形ポケットを配したスーツとコートのコレクションをデザインした。ダリは、「ひとつひとつの抽斗が女性の体から発する匂いに相応する」寓意だと解説している。1936年9月30日号の『ヴォーグ』には、このスーツ2型をビートンが"夢"の風景でとらえた写真が掲載された。モデルのひとりは、シュルレアリスム雑誌『ミノトール*』第8号を掲げている。表紙はダリの作品で、ミノタウロスの胸からは抽斗が、内蔵からはロブスターが飛び出していた。

'この場所(スキャパレリのサロン)で
新たな形態への変貌が起こった。
物の本質は、ここで変化を遂げるのだ'

サルバドール・ダリ

*ギリシア神話の牛頭人身の怪物ミノタウロスを意味するフランス語

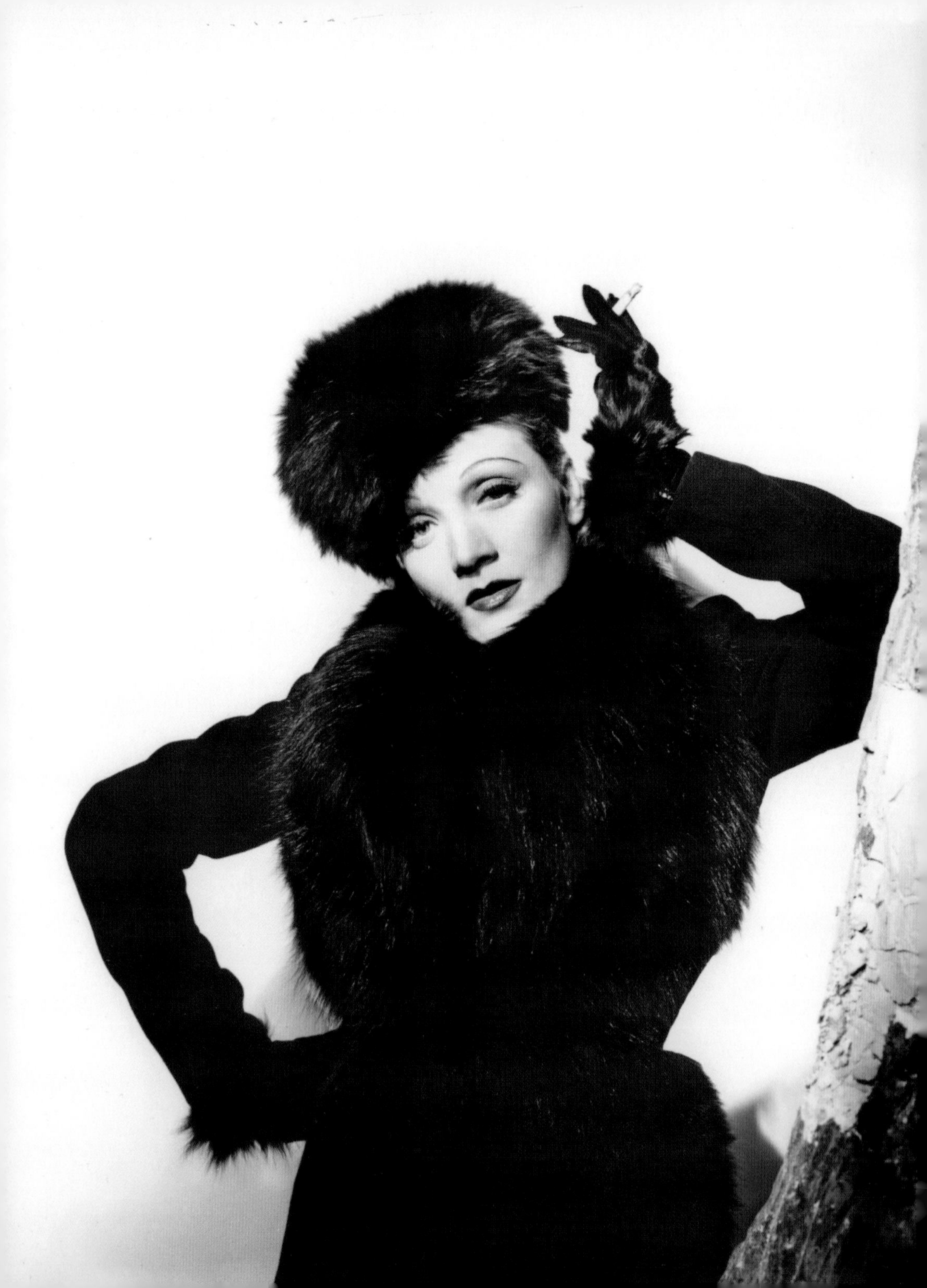

VOGUE

HATS, FABRICS &
ADVANCE PARIS FASHIONS
SEPTEMBER 2, 1936
PRICE ONE SHILLING
THE CONDÉ NAST PUBLICATIONS

Eric

ドクター・アガは、シュルレアリスムには「絶大なる話題性」があると述べた。1937年3月15日号のアメリカ版『ヴォーグ』には、ダリ、ジョルジオ・デ・キリコ、パヴェル・チェリチェフに依頼した3点の"写真絵画"が掲載された。『夜会服の夢』、『いにしえの女』、『貝殻の部屋』と題する各作品に描かれたドレスは、ファッション購買層にわかりやすいよう写実的に描写されている。これは、ファッション画はあくまでも読者目線で明瞭(めいりょう)にと唱えるウールマン・チェイス夫人の意に沿う商業的判断だった。だがスキャパレリにとっては、シュルレアリストとともにする仕事は単なる宣伝行為の一環という以上の意味を持っていた。「"ベベ"・ベラール、ジャン・コクトー、サルバドール・ダリ、ヴェルテス、ヴァン・ドンゲンといった芸術家や、ホイニンゲン=ヒューン、ホルスト、セシル・ビートン、マン・レイなどの写真家との仕事は心躍るものだった。売るためのドレスをつくるだけという、現実の味気なさや退屈さから離れ、自分が支えられ理解されていると感じることができた」

1936-7年冬コレクションでは従来よりも伝統色を濃く打ち出し、エドワーディアンスタイルを彷彿させる、両翼形のバッスルのついた控えめでエレガントなサテンコート、エリックのイラストで『ヴォーグ』1936年9月2日号の表紙を飾った政治色の強い「フリギア帽」などを展開した。これは、古代ローマの奴隷解放を象徴した帽子を真似たもので、7月のスペイン内戦勃発を受けて自由の嘆願を意図していた。マレーネ・ディートリッヒはこの趣旨に賛同し、金のシークインと金細工を刺繍した千フランの黒いウールコートを購入した。黒のクレープドレスに羽織るとディナーや映画におあつらえ向きの装いだ。スキャパレリのサロンにも足しげく通っていたディートリッヒは、決まって女店員に一輪のバラを差し出すのだった。ビートンが撮影した、スキャパレリをまとう彼女のポートレートは1936年10月28日号の誌面を飾っている。この写真は『ヴォーグ』だけでなくスキャパレリにとっても大成功だった。ディートリッヒは、ジョセフ・フォン・スタンバーグ監督と組んだ最後の映画『スペイン狂想曲』(1935年)に出演し、その類いまれな美しさはまさに絶頂期にあった。女優のリリー・ダルヴァスはこう語る。「彼女はスターとしての決定的な資質を持っていた。ただそこにいるだけで際立っていたのだ」(Bach 1993)

前頁　スキャパレリの最大の後援者のひとり、マレーネ・ディートリッヒ。ブラックフォックスの高帽をかぶり、ウエストマークしたスキャパレリのコートを着用。セシル・ビートン撮影（左）。
「フリギア帽」は、ファシズム台頭に反対するスキャパレリにとって自由の象徴だった。1936年『ヴォーグ』掲載のエリックのイラスト（右）。黒いカラクール毛皮に緑の縞を入れたマフラーとともに。

このころのメディアを占拠していた話題と言えば、当時の政治と社会を揺るがす一大ニュース、米国人で離婚歴のあるウォリス・シンプソンの一件だろう。彼女は1934年に英国皇太子の愛人となり、その後即位したエドワード8世は彼女と結婚するため、1936年11月に王位を捨てたのだ。嫁入り衣装として、シンプソン夫人はスキャパレリのドレス18点を選んだ。一方で実際の婚礼衣装はマンボシェが手がけた。両デザイナーとも米国とのつながりが強く、これは賢明な選択だった。スキャパレリを選んだのは、シンプソン夫人の自分自身に対する、そして世間の彼女に対する見方の象徴でもある。イギリス版『ヴォーグ』は、王位を継承したジョージ6世とその妻エリザベス王妃への忠誠心に欠けるとの批判を恐れ、婚礼に記事を掲載しなかった。ウールマン・チェイス夫人はこう言う。「なにしろ、英国王と結婚した初のアメリカ人なのだ」

　1937年夏コレクションは、自然界の美を描いただけでなく、サナギから蝶へ、野獣から美女への形態的変貌という概念も表現していた。シンプソン夫人が選んだのは、ドレスの上にまるでかごのように羽織るシルク馬巣織り（馬の毛を用いた硬い布地）の黒いイヴニングコート（大きな話題を呼んだ）、蝶プリントの黒いドレス、プラスチックの立体的な蝶を飾ったスカイブルーの上着などだった。これらはファッションリーダーとしてのシンプソン夫人を象徴するだけでなく、彼女もサナギ同様、因習から解き放たれ自由の身となったことを暗示していた。そして、あの一見慎ましやかな白いオーガンジーのスカート前面に、ダリの巨大なロブスターが描かれたドレスである。これが何よりも衝撃的だったのは、シュルレアリスムでフロイト派の言うロブスターとは、捕食性で相手を骨抜きにしかねない女の性の象徴とされていたからだ。シンプソン夫人は決してうぶな女性ではない。これも、彼女を"妖婦"ととらえた世間に対する戯れだと考えればまた一興である。

次頁　ウィンザー公となった皇太子との婚礼を前に、カンデ城でセシル・ビートンが撮影したウォリス・シンプソン。ダリのロブスターを描いた白いドレスをまとう（左）。
ジャケットの前立てに白レザーのアップリケを配した、黒いイヴニングスーツ（右）。

'彼女（シンプソン夫人）のプロポーションは今や憧れの的だ。すらりとした曲線がエドワーディアンスタイルをほっそりと描き、その後ろ姿はバッスルを誘い込む'

アメリカ版「ヴォーグ」

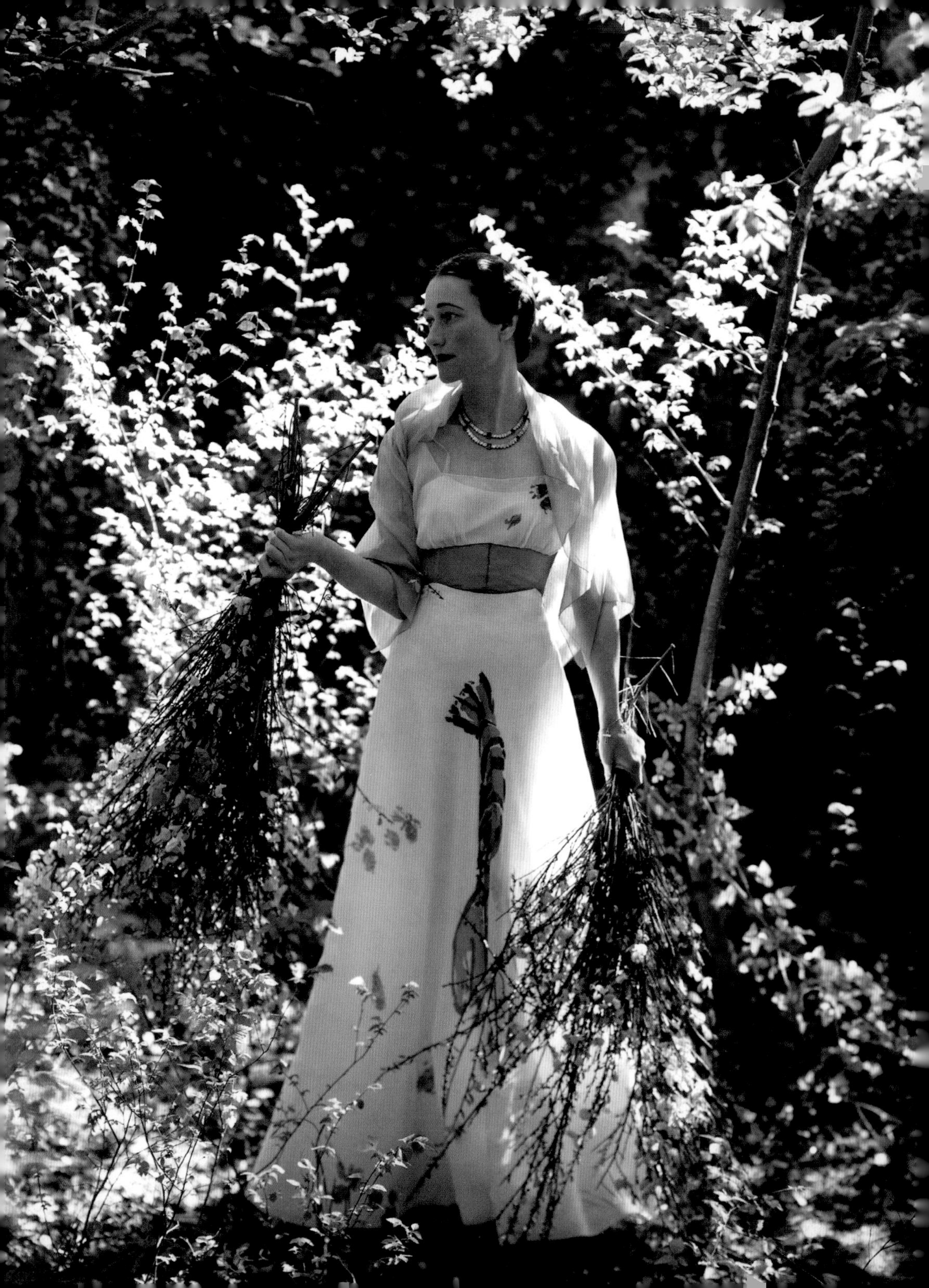

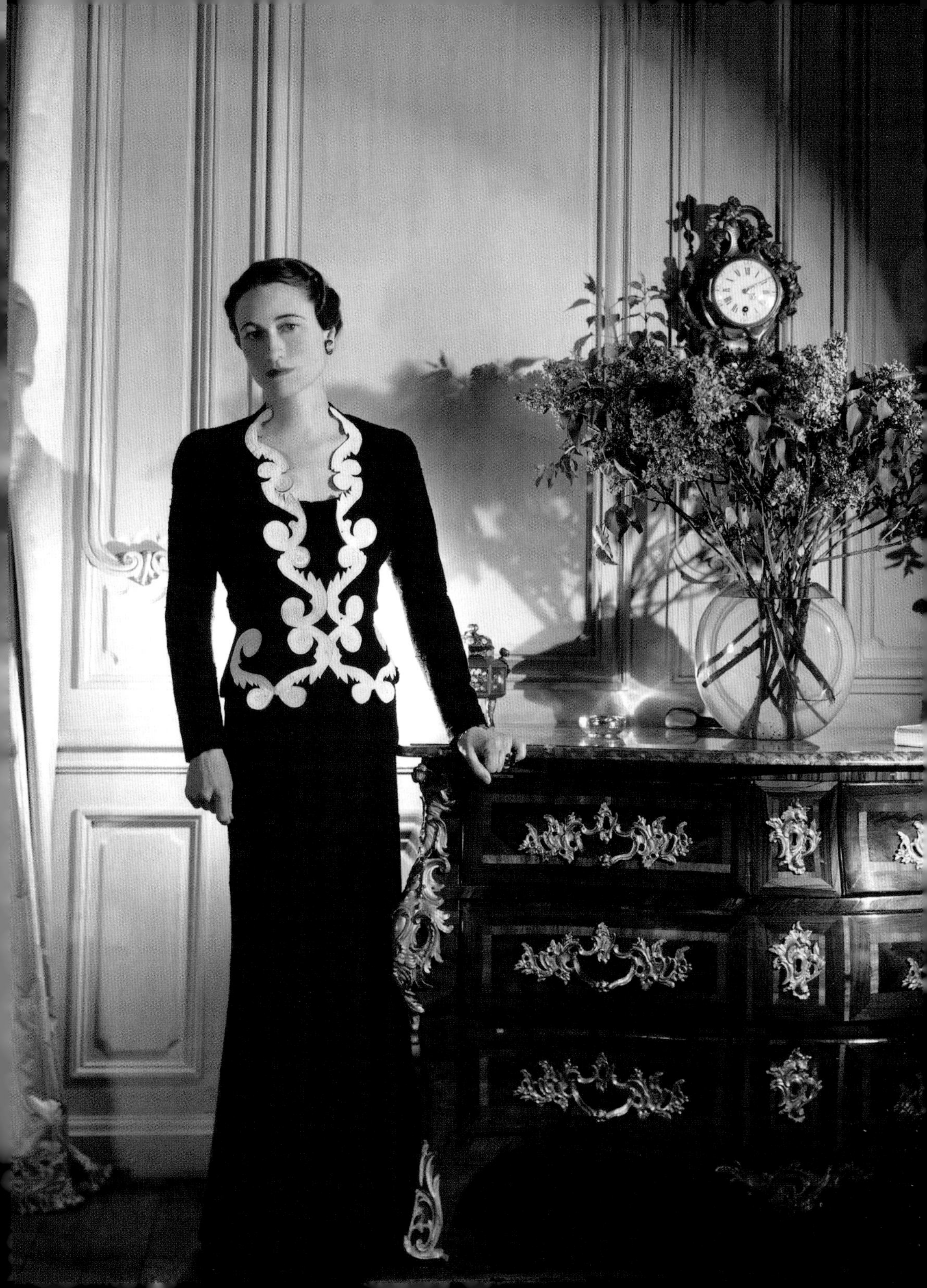

リントン社の若葉色ツイード地をルサージュによる金糸とシークインの縁取りで飾ったディナージャケット、コーデュロイのパンツ、売れ筋のグリーンにゴールドのヒールをつけたペルージアのイヴニングサンダル（左）。エリック画。

スキャパレリの「ハードシック」を象徴するスタイル。尖った肩先、細いウエスト、お尻を強調する張り出したパッチポケットなど、造形的なツイードチェックのスーツ（右）。クリスチャン・ベラール画。

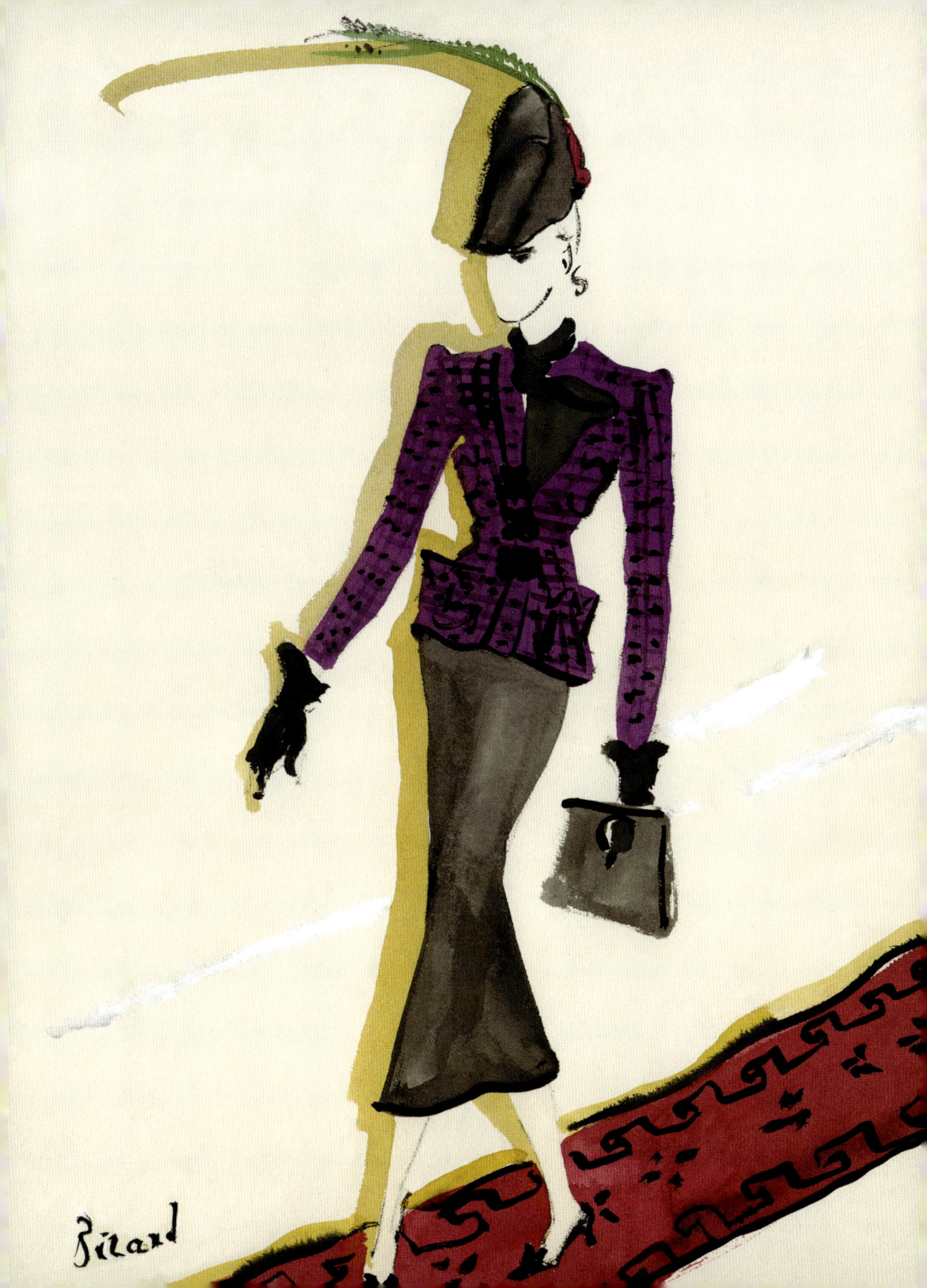
Bérard

VOGUE

Country Clothes & Hunting

Price One Shilling

September 29, 1937 (20)

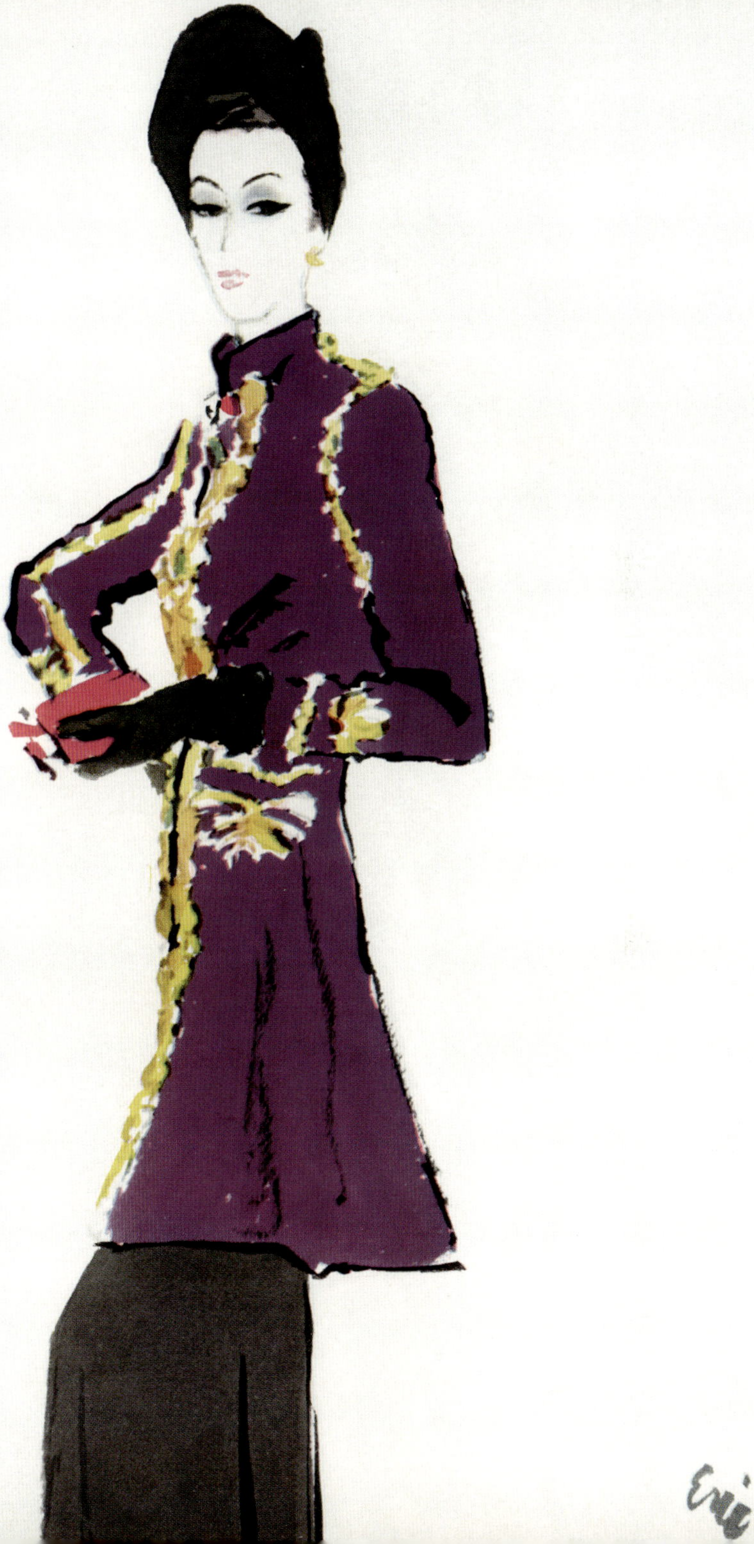

Shocking

schiaparelli's
gift suggestion

the 'shocking' trio
perfume · powder · lipstick

schiaparelli parfums limited · london · paris · new york

1936年、魅惑的だがいささか評判の悪いハリウッドスター、メイ・ウエストが、パラマウント映画『Every Day's A Holiday（毎日が日曜日）』用にとベルエポック風の衣装デザインを依頼してきた。だが、実際に現れたのは彼女ではなかった。メイ・ウエストは自分の体をかたどったミロのヴィーナスさながらの石膏像をアトリエに送りつけてきたのだ。ディートリッヒと同じく、ミス・ウエストも通常はパラマウント社の優秀なトラヴィス・バントン＊による衣装を着用したが、今回はスキャパレリが栄誉にあずかった。石膏像の一件は明らかにデザイナーを不快にさせたが、実際は怪我の功名となる。スキャパレリは皮肉まじりにこう書いた。「メイ・ウエストがパリにやってきた。彼女はアトリエの作業台に大の字に寝かされた」。ピンクと藤色のドレスをデザインし、石膏像での仮縫いを終えた後、スキャパレリはこのスターのためにマキシムでのパーティを企画する。だが、ミス・ウエストが姿を現すことはなかった。そのうえこの像は彼女のサイズよりも小さいとわかり、でき上がった衣装には寸法直しが必要になった。

　総じて大失敗の果てに残されたのは、石膏像と砂時計シルエットというイメージだけだった。だが突然のひらめきを感じたスキャパレリは、シュルレアリストの画家で扇情的な作風のレオノール・フィニに、メイ・ウエストの官能的な裸体像から香水ボトルのデザインを依頼する。香りの開発そのものには1年を要した。香水の名前と色を決めるのに四苦八苦しながら、スキャパレリはデイジー・フェローズが所有するカルティエのダイヤモンド、「テット・ド・ブリエ（雄羊の頭）」のピンクを思い出した。強烈で情熱的なピンクの色が目の前を閃光のように走ったのだ。色と香りはどちらも"ショッキング"と命名された。心に描いたのは「明るい色。あり得ない色。大胆な色。映える色。生命力あふれる色」だった。「世界中の光と鳥と魚を一緒にしたような色。中国とペルーの色であり、決して西洋のものではない──混ぜても薄めてもいないショッキングな色」。この色は次なるコレクションの発想の源流となり、やがてその美しい"ショッキング・ピンク（ショック）"がパリに衝撃を与えることになる。

香水と化粧品「ショッキング」の広告。砂時計シルエットは女優メイ・ウエストの体型をかたどったもの。背景に見えるヴァンドーム広場のナポレオン記念柱から、写真がスキャパレリのアトリエで撮影されたことがわかる。

前頁　襟を立たせたブラックフォックスの毛皮コートに、ターバンで髪をまとめたスタイル（左）。エリック画。紫のブロード地で仕立てたペルシャ王子風ディナージャケット。金ラメ、金のシュロの葉形刺繍、金とエナメルの咳止めドロップ形ボタンの装飾（右）。「シェヘラザード王妃」風のターバンとともに。エリック画。

＊衣装デザイナー

VOGUE ON　エルザ・スキャパレリ

コレクションと香水は1937年秋に発表された。シクラメン・マゼンタのショッキング・ピンクはベラールの挿絵には登場する色合いだったが、服の色としては、はたしてどうか？もちろん、衝撃だった。9月1日号の『ヴォーグ』には、エリックが描いた"挑発的な"ブラトップつきブロード地の夜会服が掲載された。片側のモスリンの肩紐からは、今にも胸があらわになりそうなスタイルだ。袋状のブラトップにストローで空気を吹き込むとバストがふくらみ、メイ・ウエストの"砂時計"シルエットが強調される仕組みになっていた。「当時、胸を強調するのは、特にアメリカではタブー視されていた」と、デザイナーは眉をひそめる。フランス版『ヴォーグ』はこれを「妖婦」ドレスと名づけ、イギリス版『ヴォーグ』は「男性が女性に買いたい服」と表現した。こうして"ショッキング・ピンク"はファッション用語の仲間入りを果たし、以来スキャパレリはきわどい魅力を連想させるデザイナーとされた。シャネルN°5に代わる逸品を試そうと、香水の鳥かごに人が押し寄せるなか、ベラールはあごひげにしたたるほど香水をふりまき、ウィットに富んだ女主人のマリー＝ルイーズ・ブスケはペチコートを香水でずぶぬれにしていた。

ショッキング・ピンクのブロード地で仕立てた夜会用「妖婦」ドレス。『ヴォーグ』には「大胆なる品格」とうたわれた。エリック画。

　当時の『ハーパース・バザー』編集者であり、後にアメリカ版『ヴォーグ』の名物編集長となったダイアナ・ヴリーランドは、かつて「妖婦」ドレスを身につけたひとりだ。彼女は自伝『アルール』でこう綴る。「我々は歴史上もっともおぞましい戦争に突入していくさなかにあり、あらゆる面でそれを実感した。（中略）我々は"無"へと突き進んでいたのだ」。1937年5月から11月に開催された『パリ万国博覧会（近代生活における芸術と技術展）』では、ドイツとロシアのパビリオンが互いに激しくにらみ合い、一方でスペイン共和国のパビリオンは、反戦を掲げたピカソの『ゲルニカ』を展示した。スキャパレリは、コレクション作品を洗濯物のようにロープにつるすという形でフランスクチュール界の展示に参加し、見物人たちを大いに沸かせた。1937年秋の帽子は「前進する反乱軍」のようであり、『ヴォーグ』は、「眉から立ち上がったり空高く突き出したりして、前へ前へとせり出すのだ」というスキャパレリの言葉を伝えている。流れるようなテンやフォックスの毛皮を首元のリボンで結ぶデイスーツ2型は、"威勢よく"着るよう意図されていた。「もはやセックスアピールは暗示の対象ではないだろう」と『ヴォーグ』は伝えた。「ぜいたくな毛皮のあしらいはすべて、自分のなかの嫉妬心を芽生えさせるものだ」

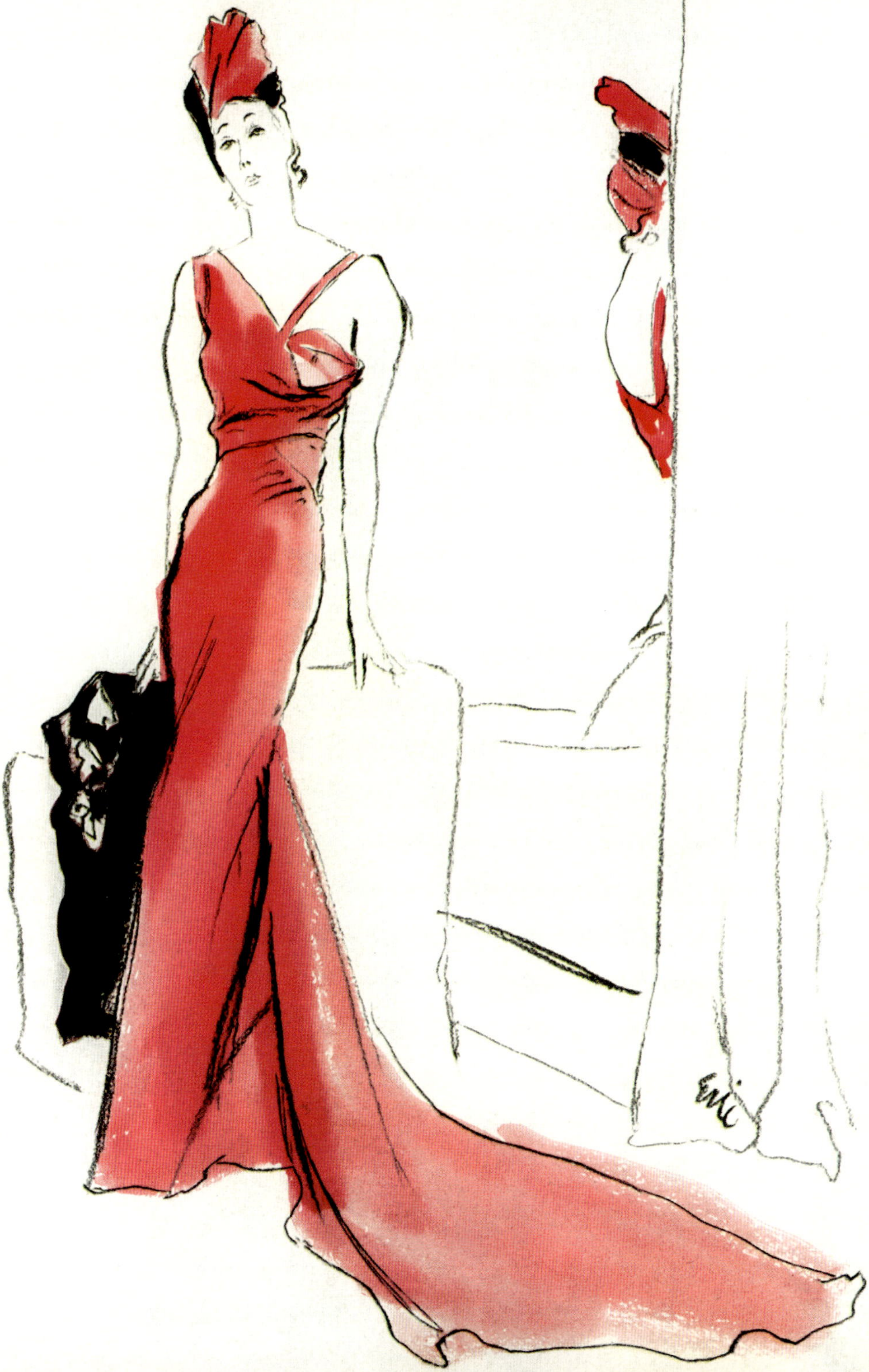
Eric

スキャパレリは、『ヴォーグ』と『ハーパース・バザー』を第二次世界大戦前のオートクチュールに欠かせない存在ととらえていた。「雑誌は私たちを勇気づけ、私たちに助言を求めた。（中略）戦前の雑誌を振り返って眺めると、その違いに驚く。ファッションはひとつの芸術作品として、この上なく美しいものとして表現され、真の創造性が大いに重視されていたのだ。誰が買い、どれほど広くコピーされたかという、単なる広告的な興味本位のものではなかった」

コクトーはスキャパレリのデザイナーとしての「奇抜さ」を称賛し、その影響力は「いわゆる"モダンな"スタイルを打ち壊してきた、謎に満ち特権を持つ少数の女性という枠を超えて」広がったと言う。「彼女は文字どおり"モードの劇場"を体現した。（中略）スキャパレリのような女性は、かつては世間というこの劇場外のドラマで女優とも呼ばれるごく一部の特権階級だけに与えられていた暴力を、1937年には全女性、特にひとりひとりに対してつくり出すことができるのだ」。スキャパレリを着ることは話題を呼ぶということだった。『ヴォーグ』はこう書いた。ヴェネチアのリドの町で、金髪の社交界名士たちが年中集うパーティで「いちばん聞かれる言葉とは、"それはスキャパレリかしら？"だった」

この年、ダリとのコラボレーションによるもうひとつの代表作「シューハット」が誕生した。これにはオプションで、男性器を思わせるピンクの光沢ベルベットのヒールがつけられた。この作品は『ヴォーグ』では紹介されなかったが、「唇」スーツにこの帽子を合わせたガラ・ダリの写真が『ロフィシェル』誌に掲載されている。デイジー・フェローズもまた、スキャパレリいわく「これをかぶる勇気を持っていた」。スキャパレリは、（子羊のカツレツ形の帽子とともに）この作品のおかげで自分の奇抜さが評判になったと、やや愚直に語っている。大衆紙は「（私の）事業を築き上げてきた背景には一切触れず、いわゆる（私の）服を着ることの難しさ」だけを強調していると非難した。ジャーナリストに憤慨していたのは彼女だけではない。1937年にシャネルは、『獅子座の女シャネル』（1976年）の著者ポール・モランにこう語った。「私は、ジャーナリスト・詩人・クチュリエ集団からの激しい攻撃目標だった。"ベベ"・ベラールは私とダリの仲のよさに激怒し、徒党を企てたのだ」。美と少年とアヘンにふけっていたか弱きベラールは、何ひとつ企てることなどできないはずだが。

毛皮の襟をリボンで結ぶデイスーツ2型。レーヌ・ボート＝ウィロメ画。

次頁　"かの有名な"シューハットをつけたダリの妻ガラ。ヒールはショッキング・ピンクのベルベットにも変更可能。唇形の刺繍を入れたスーツとの組み合わせで効果的かつ意図的にフロイト理論を表現している。アンドレ・カイエ撮影。

Schiaparelli's
 ribbon-tied furs —
Above, mink-tail
 cat's whiskers,
 funnel hat;
Right, black fox collar,
 glove-backs and hat prow

'注目を浴びようとスキャップが本領を発揮した。彼女がデザインしたハイヒール形の帽子がその象徴だ。現実には（デイジー・フェローズの他に）誰がこれをかぶるかは疑問だが、一躍話題の的となった。それが彼女の狙いである'

ホルスト

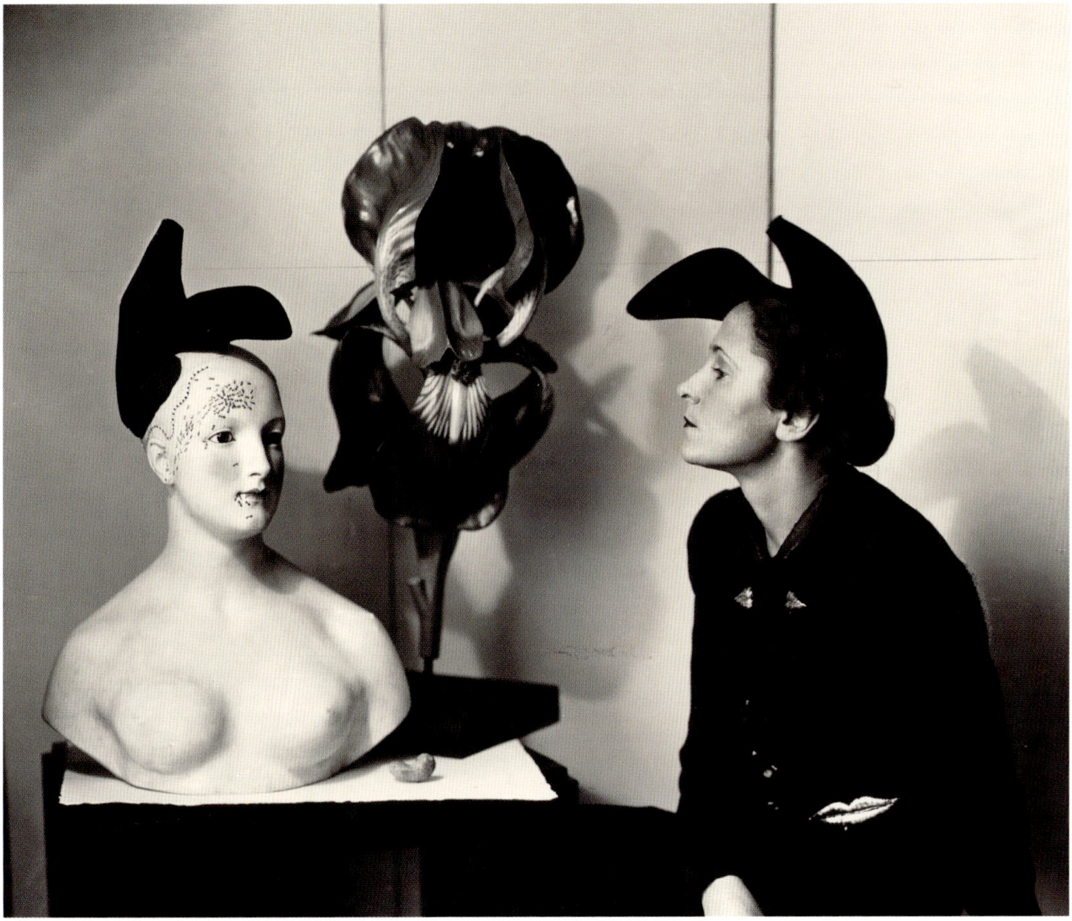

シャネルの妄想の矛先はライバルへと向けられがちだった。そのころには、スキャパレリは春と秋に加えてミッドシーズンのコレクションも発表し、年4回のショーで600ものルックスをバイヤーに披露していた。当時は従業員600人を抱え、価格5千ドルのものも含めた年間1万点の商品を販売した。ヘザー・マクドナルドは、ショーに先んじて編集者やバイヤーに全ルックスとコンセプトを伝えるプレスリリースという広報マシンを走らせた。(Palmer White 1986)。シャネルは断言している。自分は「広報活動から一銭だって利益を得たことはない。浪費はイメージを損なうだけだ」と。1937年、『ヴォーグ』誌面でのスキャパレリの掲載量が自分よりも多いというシャネルの不平を耳にしたスキャパレリは、彼女の色展開に言及し、「墓場の色がご専門の、ちっぽけで哀れな中産階級市民（ブルジョワ）」と一笑に伏した。両者の熾烈（しれつ）なライバル意識は今なお激化していた。ウールマン・チェイス夫人はホルストが語った寒々しいエピソードを詳述している。ある日、ホルストはお洒落なレストランでスキャパレリと昼食をともにしていた。通りかかったシャネルがふたりのテーブルまでやってきて、この『ヴォーグ』カメラマンに──彼ひとりだけに──1時間以上も立ち話を続けたというのだ。この人前での辱めは、その後少なくとも1週間はうわさ話として取りざたされたに違いない。

　必ずしも歓迎すべきではないのだが、デザインが奇抜になるほど保守的な客に売れたとスキャパレリは言う。1937年9月号の『タイム』誌は、ガラ・ダリとデイジー・フェローズが着用したものと同じ唇の刺繍つき黒のイヴニングスーツを、名だたる社交界の淑女たちが購入したと嬉々として報じた。名前が挙がったのは、マンハッタンのチャールズ・クロッカー夫人、セントルイスのD・J・セイマン夫人、グレンコーのハーバート・マーヴル夫人、ブエノスアイレスのアルフィラ・ド・リグロス夫人、カイロのチャールズ・ハンナ夫人、パリのジャン・マストボム嬢などだ。彼女たちは、350ドルを費やしたその服と同じものを他人が着ていると激怒し、苦情の電話をよこした。スキャパレリの返事はひと言「ノーコメント」だった。だがこの一件が宣伝となり、七番街*の"海賊メーカー"は7着と言わず700着ものコピー商品をつくり始めた。スキャパレリはこの効果を喜び、「この方法だけで一銭も使わず、私の名は瞬く間に世界中に広まった」と明言している。彼女は自分の作品を真似されることで「勢いに乗っている」と実感したのだった。

　　　　　　＊ニューヨークの大通りで米国ファッション産業の中心

『ヴォーグ』に掲載されたスキャパレリの小物特集。鮮やかな3色展開のエナメル革のベルト（イエロー、ショッキング・ピンク、ワインレッド）、2色使いの手袋（金色のキッド革にレースのアップリケ、手のひらに黒のアンティローブ革）、ジャン・シュルンベルジェ作の耳に沿ってカーブした金メタルのイヤリング。レイモン・ド・ラヴァルリー画。

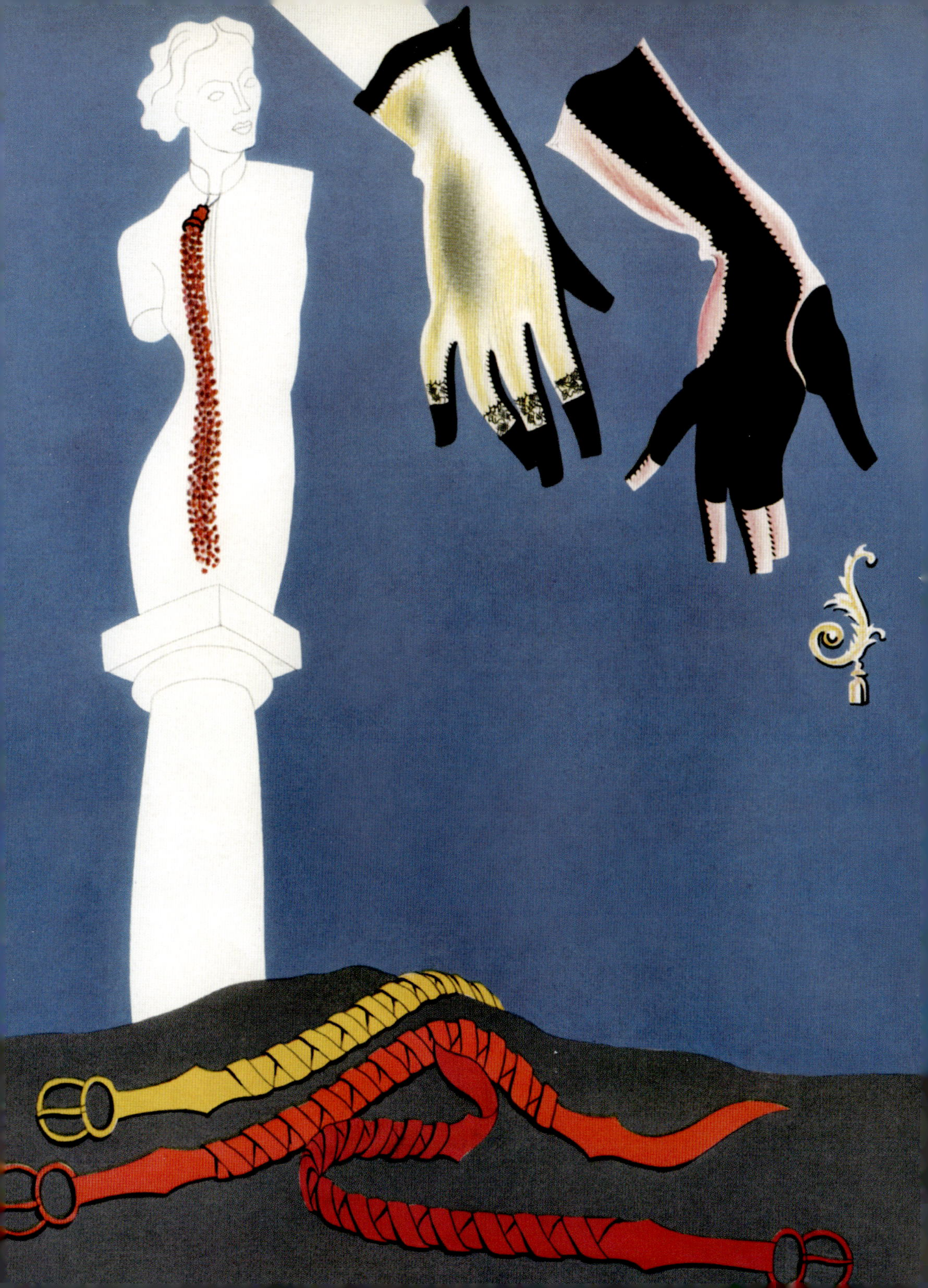

Jean Cocteau decorates the back of Schiaparelli's coat

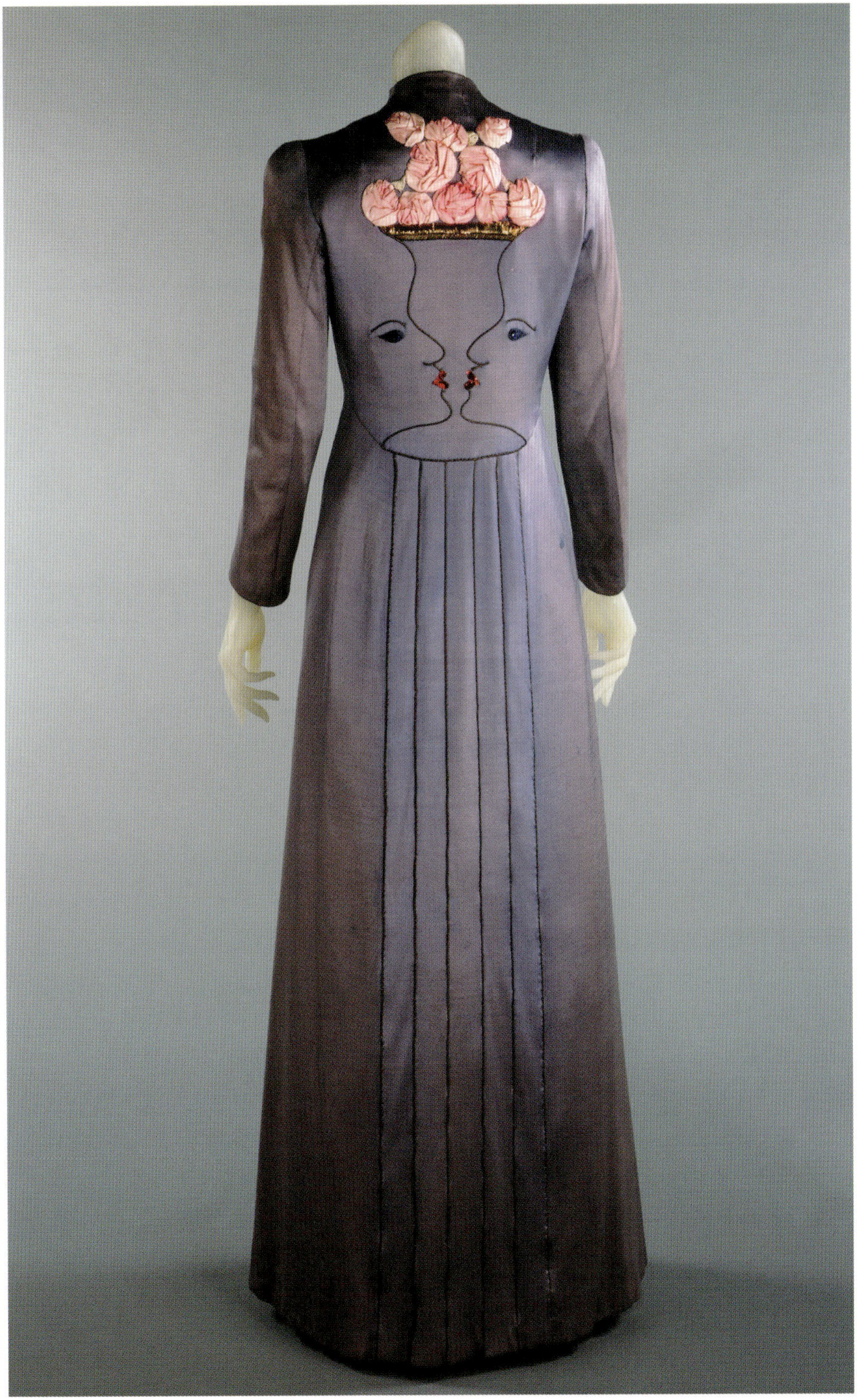

一方、こんな風に安く容易にはコピーできないのがコクトーとスキャパレリの共作、シルクジャージーの夜会用コートだった。この精緻を極めた傑作は1937年7月15日号の『ヴォーグ』に挿絵で登場している。これは、コクトーがスキャパレリのために描いた頭の下絵を、彼女がコートの背中で再現したものだ。ふたつの横顔が壺形を描くというトロンプルイユのデザインを、ルサージュによる金糸の刺繍と、シルク地を浮き彫りにしたピンクのバラで装飾している。『ヴォーグ』はこの精美なデザインを挿絵にしたいとセシル・ビートンに依頼した。芸術家の作品がまた別の芸術家へとつながり、こうして『ヴォーグ』はコクトー、ビートン、そしてスキャパレリの創意あふれるコラボレーションに一役買いながら、デザイナーとしてのスキャパレリの名声を高めていった。

　9月29日号の「4人のクチュリエ、自らの作品をまとう」と題した特集で、『ヴォーグ』はスキャパレリブランドの真のミューズはデザイナー本人だと明言した。「スキャパレリは自身の粋を心に描いてデザインする。その服を本人以上に着こなすことは誰にもできない」。ホルストが撮影したスキャパレリのポートレートは（大きなシャネルの写真の下にレイアウトされ）、ワイン色の夜会用テーラードスーツに、高く反り上がった同色のベルベット帽といういでたちの彼女を、装飾的な金の楕円鏡のなかにとらえたものだ。特筆すべきは、こだわり抜かれたそのグラフィカルなシルエットである。それは、ジョージ・キューカー監督の1939年の古典カルト映画『ザ・ウィメン』に見られるような"思い切った"技巧ならではの粋だった。

『ヴォーグ』の表紙を飾ったダリの作品『美しき花束の女性、スキップする少女（子ども時代の追憶）、骨組みだけの船（過去の追憶）』。

前頁　青いシルクジャージーの夜会用コートを描いたセシル・ビートンの挿絵。背中にはジャン・コクトーによるトロンプルイユのデザインで、キスをする直前の横顔が形づくる壺と満杯の花。右は実際にルサージュが刺繍を入れたコート。

1938年

2月4日、ヒトラーがドイツ国防軍を掌握したその日、スキャパレリは戦前に発表する5つのコレクションの第一弾を打ち出した。夏の「サーカス」コレクションは現実逃避と無邪気な好奇心から生まれた「もっともにぎやかで威勢のよいショーだった。バーナム、ベイリー、グロック、そしてフラテリーニ一家が夢中になって踊りながら格調高いショールームになだれ込み、重厚な階段を上へ下へ、窓から部屋の内へ外へと駆けまわった。ヴァンドーム広場のサロンは、バーレスクに占拠されたのだ。道化師、象、"ペンキ塗りたて注意"とプリントされた馬。風船の形をしたバッグ、ゲートルのような手袋、アイスクリームコーン形の帽子、調教されたサーカス犬といたずら好きな猿。コレクションは、当時の時代

VOGUE
INCORPORATING VANITY FAIR

BEACH FASHIONS · BEAUTY   JUNE 1, 1939 · PRICE 35 CENTS

The Schiaparelli Circus

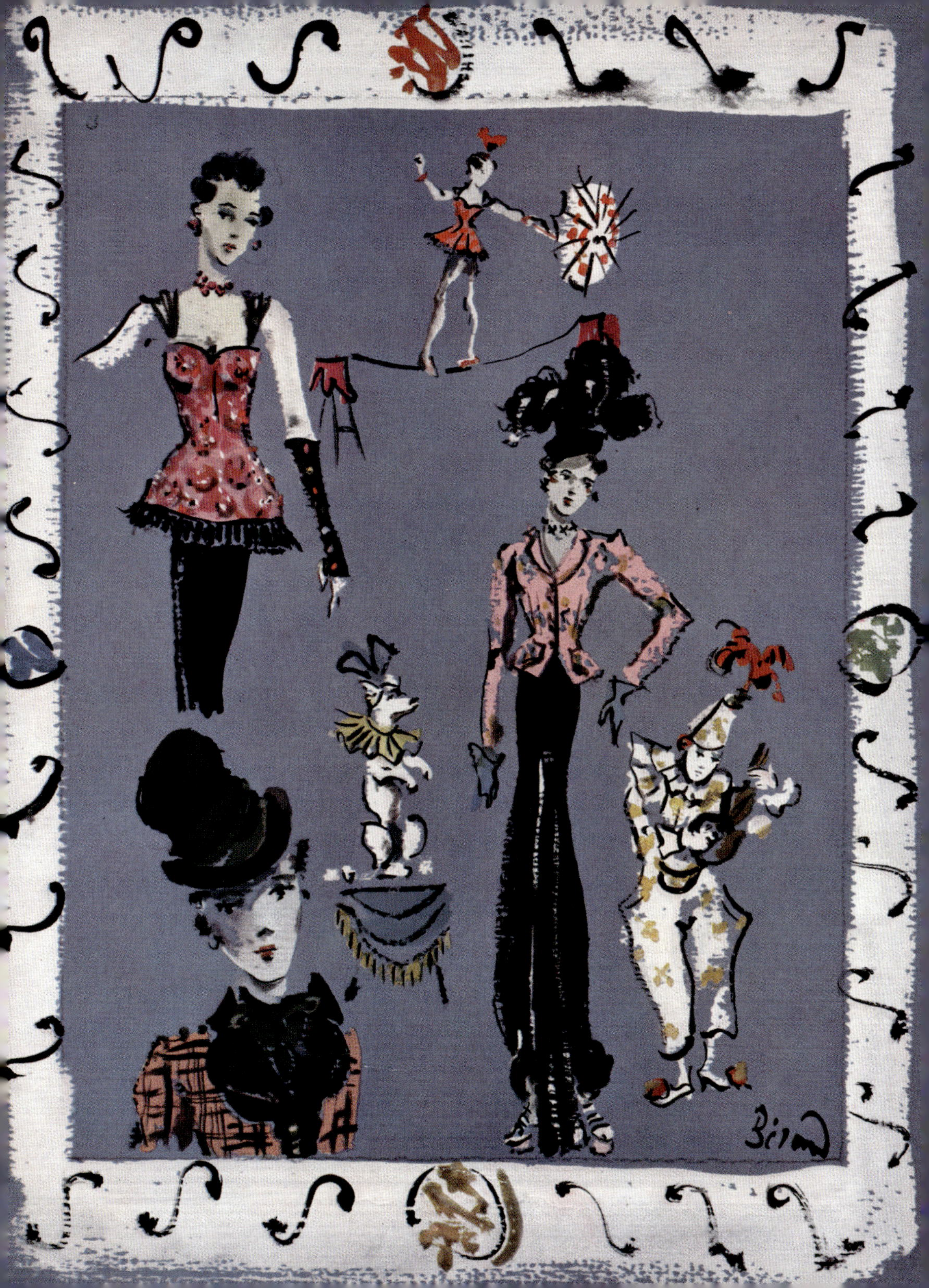
Bérard

のテンポにぴったりと合い、熱狂的に迎えられた」とスキャパレリは語った。このコレクションを、『ヴォーグ』はスキャパレリの「つねに創造力に富んだ頭脳」がなせる技だと評し、ショーの模様を美しく描写したベラールのイラストを掲載した。

イラストでは、ルサージュによる曲芸象の刺繡が入った華麗なピンクのジャケット、ポワレの「ミナレット」スタイルのように細身の黒いボトムに合わせた綱渡り師のコルセットつきチュニック、シークインで飾った道化師の帽子などが描かれている。フランスの大女優セシル・ソレルは"カリオペレッド"のロングケープを注文した。彼女は車の後部座席に立って「ヴァンドーム広場をぐるぐるまわるあいだ、まるで『サモトラケのニケ*』さながらにケープを大きな旗のようにひるがえしていた」とスキャパレリは記している。その年、快楽主義がパリを席巻していた。7月にはレディ・メンドルがトリアノン宮殿で「サーカスの園遊会」を開催し、彼女はマンボシェのドレスにスキャパレリのケープをまとって8cmヒールのチュニジア靴で朝5時まで踊り明かした。

「サーカス」コレクションのなかには、『ヴォーグ』には紹介されなかったが、黒いクレープ地の「骸骨（スケルトン）」ドレスと戦慄の「引き裂かれた（テア）」ドレスがあった。ともにダリとの共作であるこの衝撃的な2作品には、なおもシュルレアリスムの影響が続いていた。「骸骨」ドレスは立体的に"骨"が浮き出るようなデザインだった。「引き裂かれた」ドレスには、剝いだ皮の下に赤い血のにじんだ肉が露出したさまが、淡いブルーの布地にトロンプルイユでプリントされていた。潜在的にマルシュアス*2の苦痛を表し、さらにドレスとは第二の皮膚であるという概念を想起させている。これは、ダリの1936年の作品『屍姦の春』（スキャパレリ所有）で表現されたテーマを発展させた形とも言えるだろう。「引き裂かれた」ドレスはその後も非常に攻撃的な作品とされた。パリ万国博覧会での"インスタレーション"同様、これもまたファッションという概念に対するスキャパレリの問題提起なのだった。ようやく『ヴォーグ』が「引き裂かれた」ドレスを掲載したのは1971年、スキャパレリの孫娘マリサ・ベレンソンがモデルとなり、ノーマン・パーキンソンが撮影した凡庸な写真だった。フランコ将軍がスペインを完全に掌握し、ヒトラーがチェコスロバキアとオーストリアを併合しようという政治的背景なき今、この作品の意味もインパクトも失われてしまったのである。

きわめて物議を醸したスキャパレリ作品のひとつ、「引き裂かれた」ドレス。

前頁　ヴァンドーム広場21番地で繰り広げられた「サーカス」コレクションの華麗な祭典は、『ヴォーグ』いわくスキャパレリの「つねに創造力に富んだ頭脳」の現れだった。クリスチャン・ベラール画。

*翼のある勝利の女神像
*2 ギリシア神話で生きたまま皮を剥がれた半人半獣の森の神

128　VOGUE ON エルザ・スキャパレリ

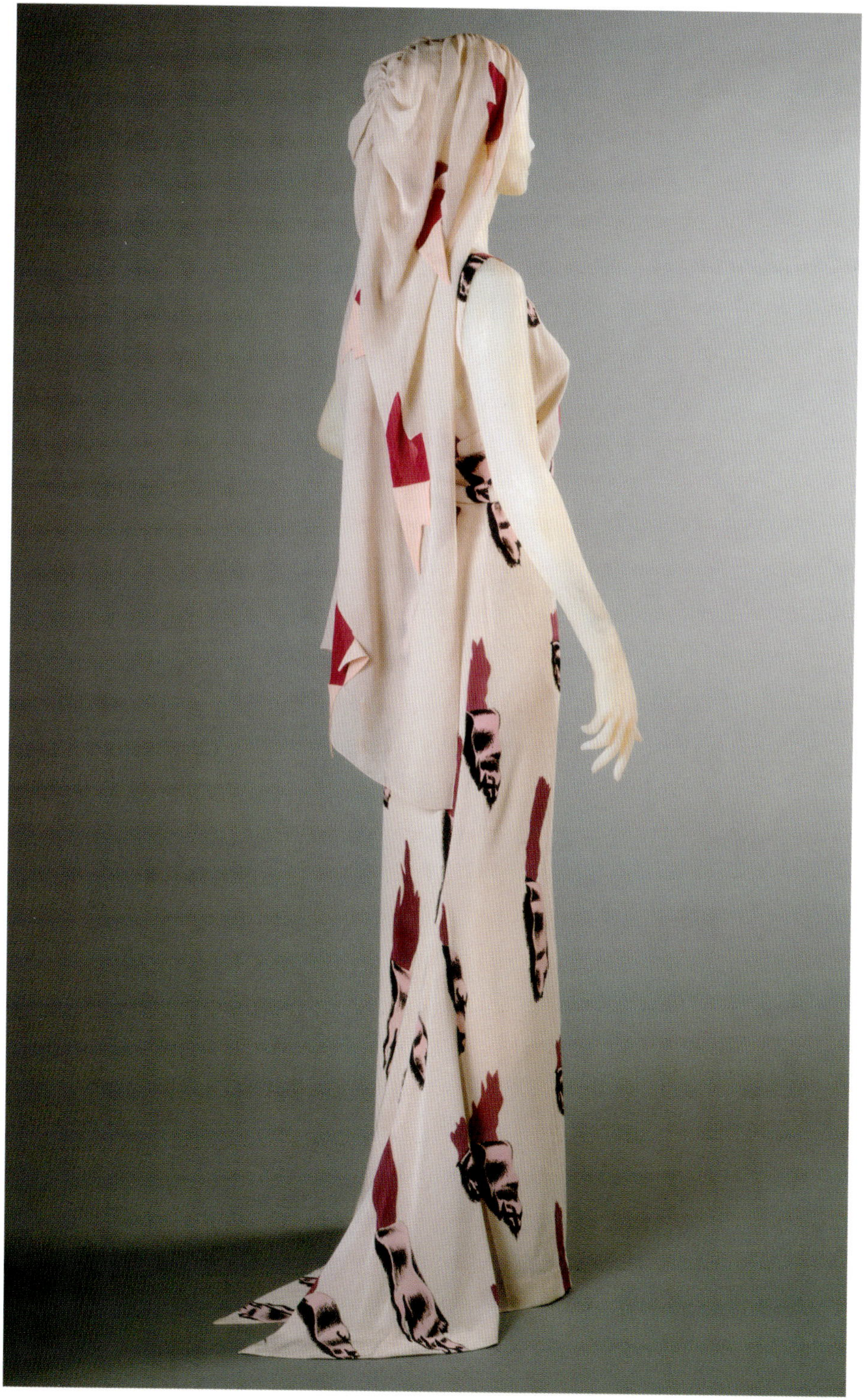

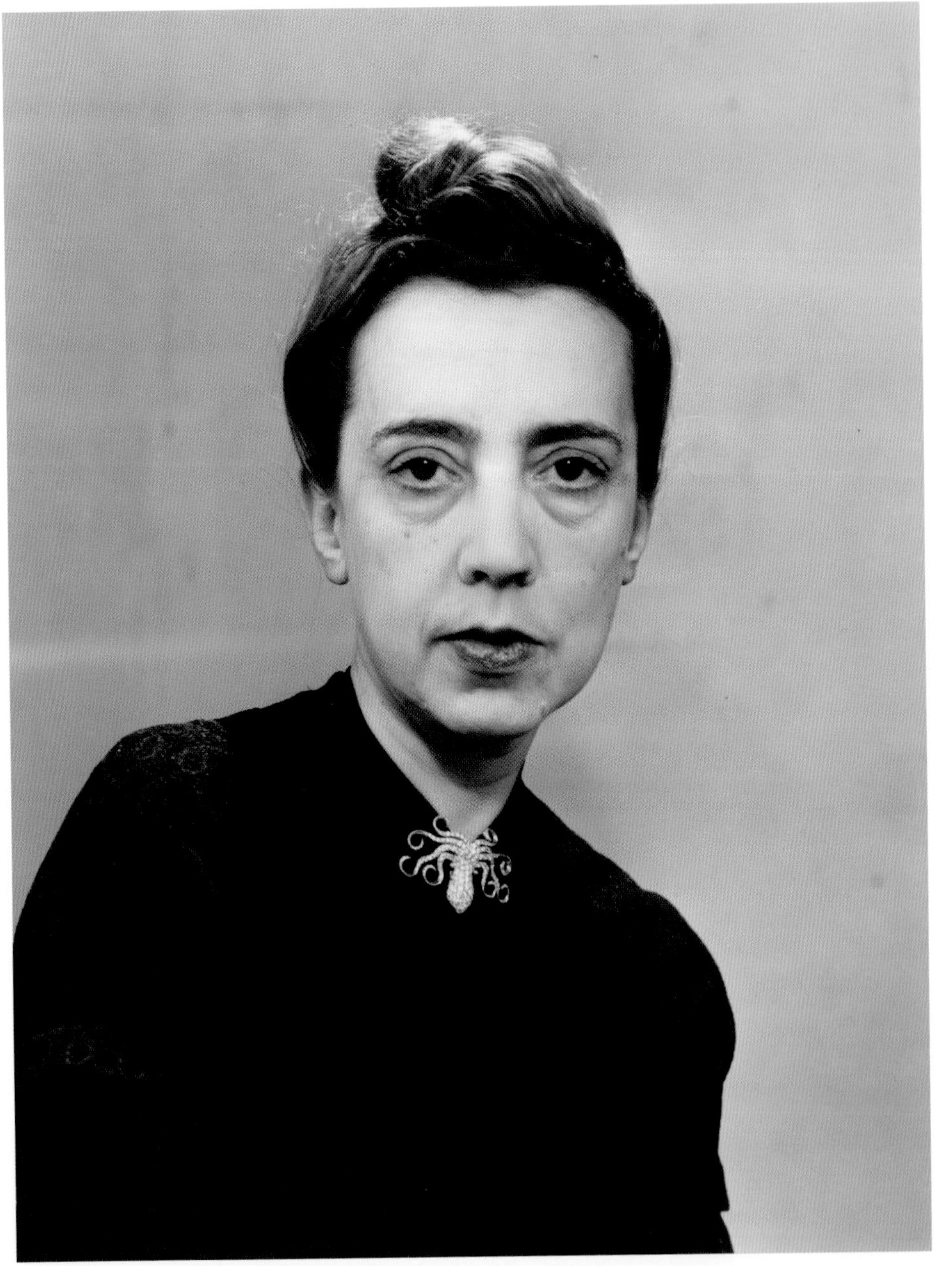

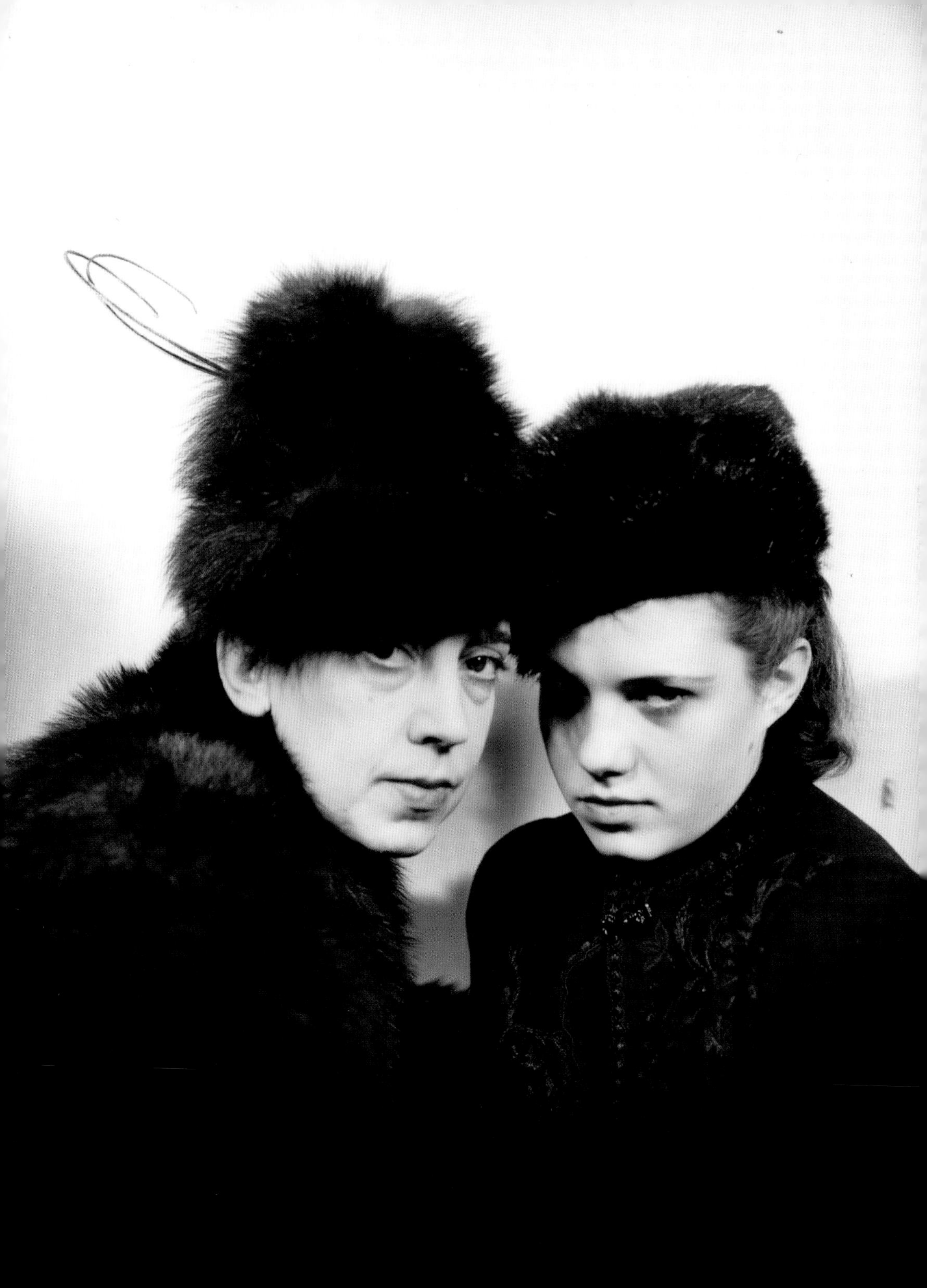

1938年にはフランスのオートクチュール産業は不振から回復していた。イギリス版『ヴォーグ』の編集者エリザベス・ペンローズは、7月に写真家のアーウィン・ブルメンフェルドに同誌で初となる仕事を依頼している。それはエルザ・スキャパレリとゴーゴーの母娘がともに「サーカス」コレクションの服をまとった一連の白黒ポートレートだった。斬新な視点でとらえた写真は、スキャパレリの服が若い女性にも合うことを証明していた。2011年に同誌のアーカイブから発見されるまで埋もれていたこの写真は自邸で撮影され、そこにはふたりの仲のよさが現れている。掲載が見送られたのは、スキャパレリ作品にファッション本流からの明らかな逸脱が見られたためかもしれない。当時のイギリス版『ヴォーグ』編集長ハリー・ヨクスオールは、1966年の回想録『A Fashion of Life』で意地悪くもこう述べている。「彼女は"魅力的な不美人"のみならず"魅力のない不美人"にも服をつくった」。このころ、パリのライバルたちが追求していたのは、ヴィクトリア朝時代の上品さであって、ユークリッドの幾何学理論や占星術の神秘（後の「占星術」コレクションのヒントとなった）ではなかった。大衆文化は懐古主義の傾向にあり、ハリウッドの大ヒット映画『椿姫』（1937年）や『マリー・アントワネットの生涯』（1938年）、『黒蘭の女』（1938年）、『風と共に去りぬ』（1939年）などでは、パニエやクリノリン＊を登場させていた。これに対してスキャパレリが披露した最新の5つのコレクションは、ローマ人気質の彼女らしくいっそう陽気で歴史的ファンタジーにあふれ、今回はシュルレアリスムというよりも異教徒やイタリア文化に回帰した内容だった。そこには砂糖菓子のような甘さは微塵もなかった。

「占星術」コレクションの3型では、ラファエロ作『パリスの審判』の3女神を表現した。中央は、金糸とシークインでメデューサの頭の形に刺繡したショッキング・ピンクのケープ。クリスチャン・ベラール画。

前頁　アーウィン・ブルメンフェルドが撮影したスキャパレリのポートレート写真。ジャン・シュルンベルジェ作のタコのブローチをつけている（左）。ゴーゴーとふたりで（右）。

このころから『ヴォーグ』に掲載されるスキャパレリの作品は、定番のイヴニングスーツ、帽子、アクセサリー類が中心となってくる。誌面では他のメゾン、とりわけ新鋭のバレンシアガの占める割合が多くなり、ファッションは芸術だと叫ぶのは次第にスキャパレリひとりになっていった。だが後にその卓越した才能を認め、彼女を「クチュール界で唯一の真の芸術家」と呼んだのは他でもないバレンシアガだった。4月に発表されたミッドシーズンの「異教徒」コレクションは、ボッティチェリの絵画『春』から着想を得た繊細な花柄刺繡を施したもので、1938年7月20

＊スカートをふくらませるための枠や下着

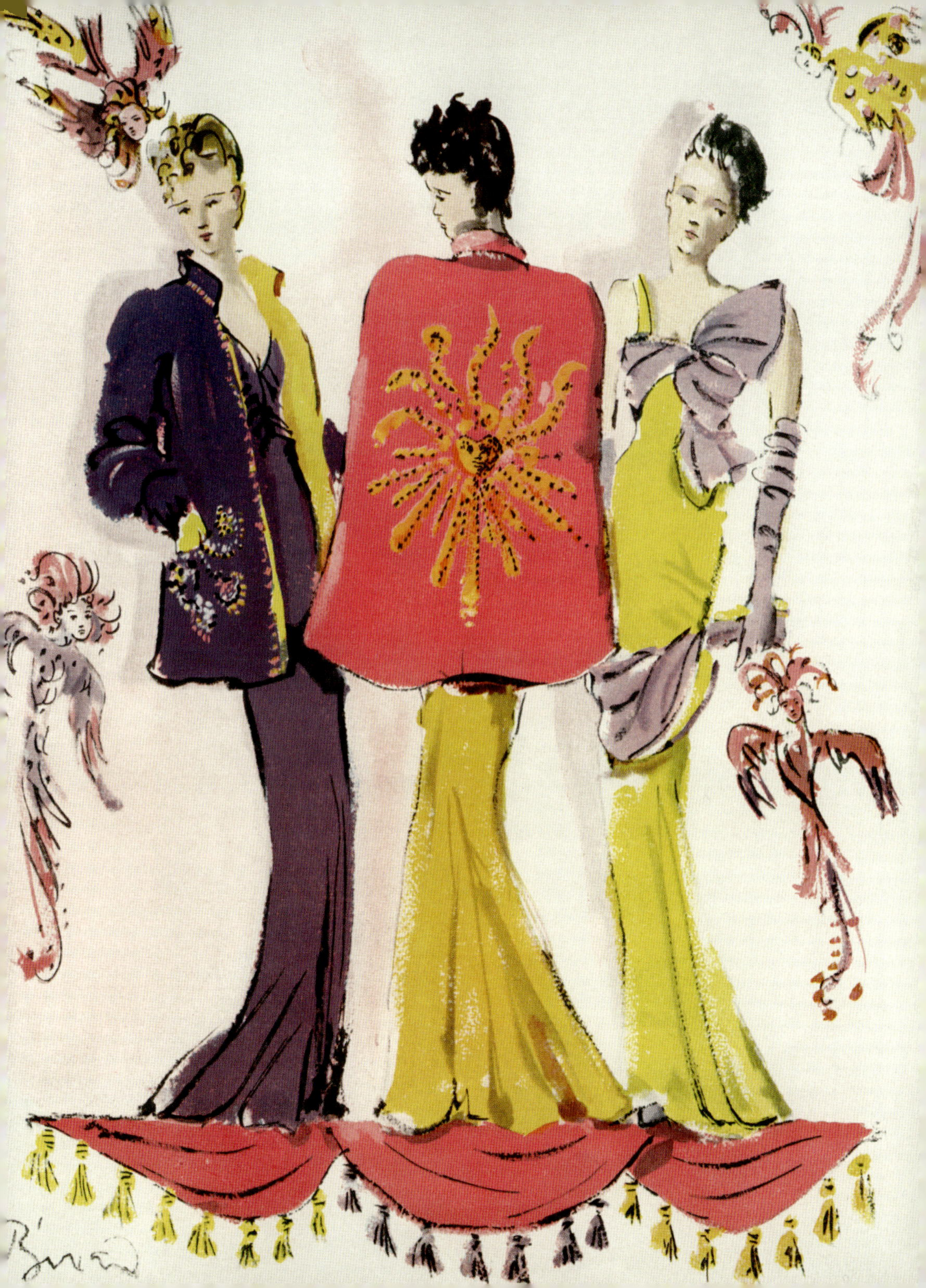

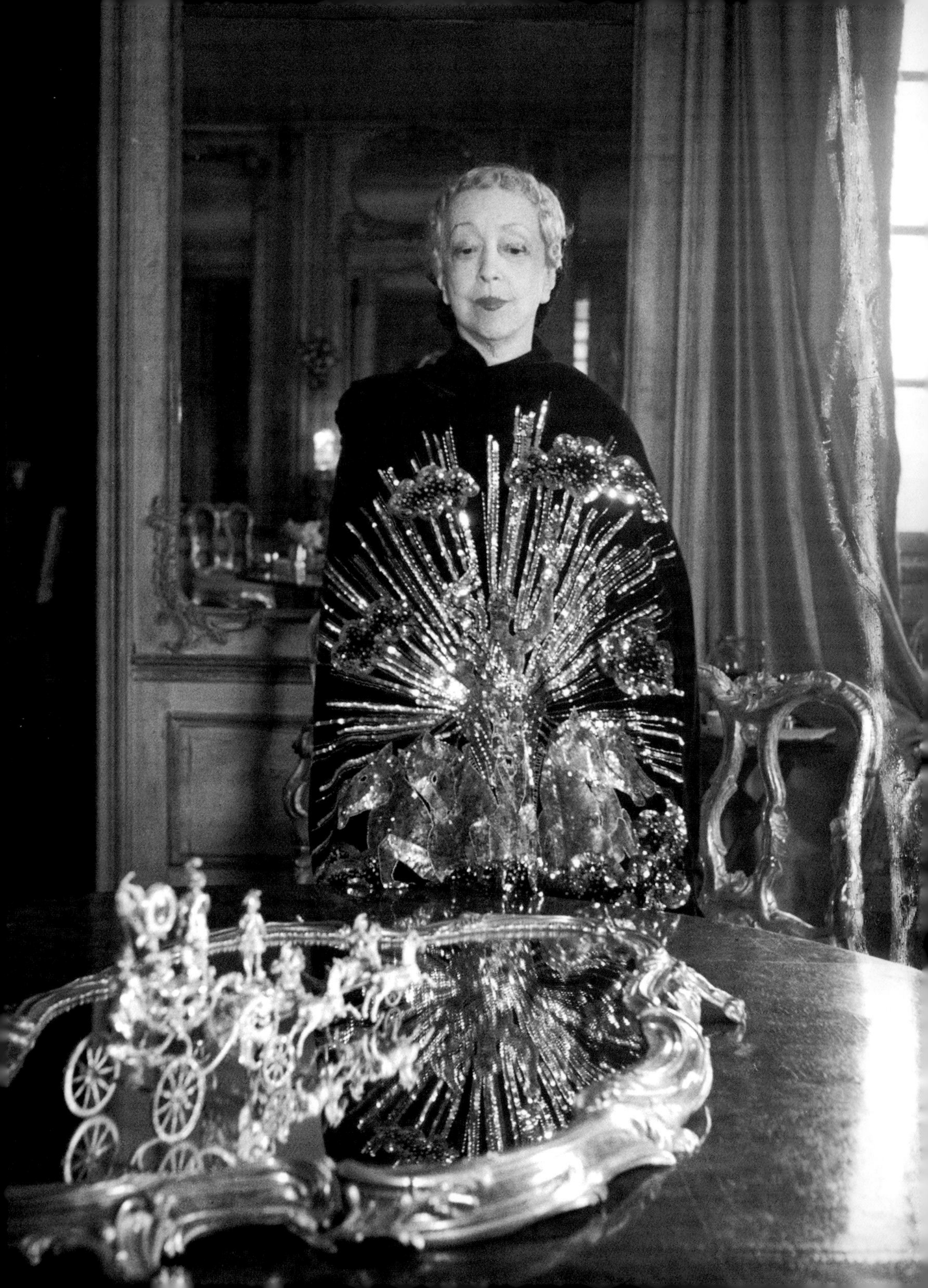

日号にエドゥアルド・ベニートによる夢の風景として掲載された。1938年8月に発表された1938－9年冬の「占星術」コレクションでは、天文学者の伯父ジョヴァンニとともに星を眺めた幼少時代の記憶をもとにした、きわめてセンセーショナルな作品が披露された。1938年8月当時に、占星術師以外のいったい誰が世界のゆく先を予測できたであろう？「道化芝居：ピエロ、コロンビーナ、ハーレキン」と銘打った1939年春コレクションは、コメディア・デラルテ*を描いた画家アントワーヌ・ヴァトーやピエトロ・ロンギの18世紀の絵画作品に影響を受けたものだった。『ヴォーグ』はこう描写している。「多色使いのフェルトをパッチワーク状につなげたロングのイヴニングコート、幅広で高さのない二角帽（誘惑のマスクベールつきと、丸めた金髪を帽子に留めつけた2型）」。エリックのペン画には、真っ赤な唇のついた黒ベルベットの仮面や、「あごまで垂れ下がるベールつきの」マスクハットが描かれていた。

流行の仕掛け人レディ・メンドル。「占星術」コレクションより、黒いベルベット地に金のシークイン刺繍とリボンのアップリケを配した「ネプチューンの泉」ケープをまとう。セシル・ビートン撮影。

「パリの様相は突如として、すっかり無垢で、古風で、質素で、少女じみたものに一変した」と『ヴォーグ』は1939年3月に報じた。3月8日号では、こうした一般的な風潮とは異なる、スキャパレリの代表的スタイルを発展させたデザインがベラールのイラストで紹介された。それは背中の大きく開いたバッスルつきのイヴニングドレスで、今回は際立ったフォルムと長いトレーンが特徴的だった。この7色ストライプのサテン地ドレスは、ジョリス＝カルル・ユイスマンスやエミール・ゾラの描くパリでおなじみのバッスルスタイルの美女たちをお手本にしていた。ジャン・パージュは、ヴィクトリア時代を彷彿とさせるペルージアのボタンつきプラットフォーム・ブーツの挿絵を描き、フランス版『ヴォーグ』は自邸で靴のコレクションに囲まれたスキャパレリのポートレートを撮影した。戦前の最後を飾るコレクションでは、さらに19世紀後半を主題として打ち出し、音楽をテーマに掲げている。1939年夏、世界大戦前夜の政局への不安感のため、やむなくロンドンのサロンを閉じる決断を下した。フランス版『ヴォーグ』は、仕立屋とクチュリエの技を雄弁に物語る"手"の写真を特集した。スキャパレリのそれはしっかりと使い込まれた手だった。8月3日、「シガレット」ラインと名づけたハイウエストでみぞおちを絞った細身のシルエットを発表し、ボート＝ウィロメによる挿絵が9月20日号の『ヴォーグ』に掲載されている。9月3日、英国とフランスはドイツに対して宣戦布告を行った。

* イタリアの即興仮面喜劇

VOGUE ON エルザ・スキャパレリ

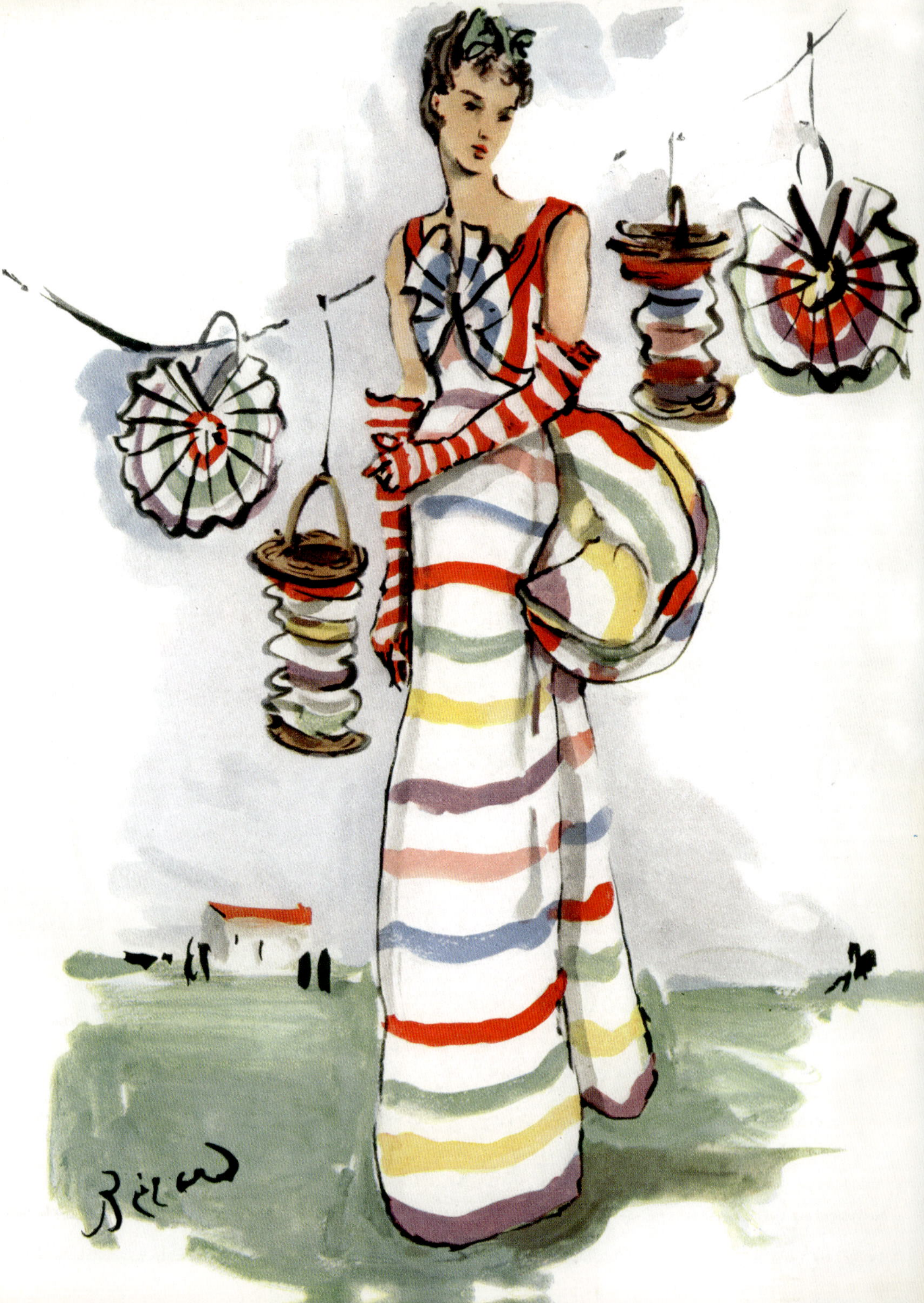

7色ストライプのデュシャン・サテンのドレスにトリコロールのボレロ（左）。エッフェル塔50周年を祝う祭典でカドリーユを踊った若い女性のひとりがこのドレスを着用した。クリスチャン・ベラール画。

1939年6月28日号の『ヴォーグ』はこう宣言した。「スキャパレリは国旗色のシフォンとクレープを振る。先の尖った形が新しいロングジャケットの下から、バッスルのフランジが張り出したスタイル」（右）。偉大なる"ヴォーグの貴婦人"のひとり、アメリカ人のアルトゥーロ・ロペス＝ウィルショー夫人がこのドレスを購入した。エドゥアール・マネの絵画『ナナ』とゾラの同名小説の高級娼婦を参考にしている。エリック画。

次頁　1935年1月1日発表の「立ち止まって、見て、聞いて」コレクションより新聞紙柄の帽子、ロードファンの扇、チロル風の革使いとイースターエッグの小物。セシル・ビートン画（左）。
新聞紙柄の帽子を折りたたむ"エルザ・スキャパレリの手"。コペンハーゲンの市場で見た魚売りの帽子をヒントにしている。フランソワ・コラー撮影。

Victorian parasol of taffeta and ribbon; altman

Schiaparelli thought up all the fantasies on this page

Big beads on a crêpe kerchief

A Tyrolian belt, bag, and short gloves; Bonwit Teller

An Easter-egg metal vanity and glass fan; altman

Another fan of crumpled glass fabric on glass sticks; altman

Beach hat of chintz printed like newspaper; altman

Brevity-in gloves alternating strips of calf and Irish crochet

A newspaper chintz beach hat boosting Schiaparelli; altman

Tyrolian flowers on a box-calf belt

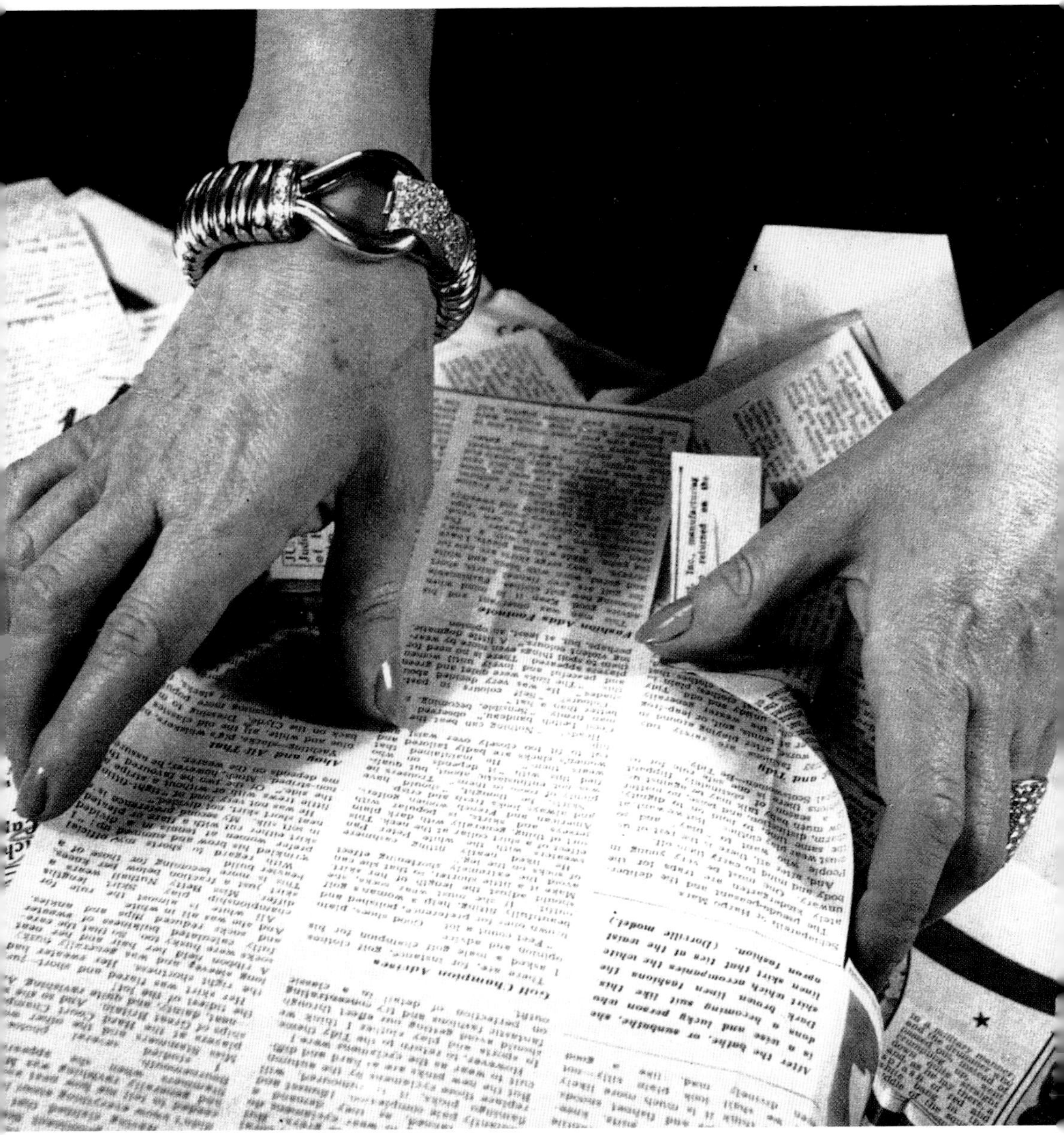

私は、女性たちが新しいライフスタイルに
向き合えるよう、ほっそりと
エレガントにしようと努めた。
戦前に見られた類いのエレガンスが
もはや存在しないということに、
すぐには気づかなかったのだ

エルザ・スキャパレリ

戦時下のクチュリエ

NEEDLES and GUNS

Before France fell, in Paris and in Biarritz, we fought to keep the great French dressmaking industry alive

By ELSA SCHIAPARELLI

I left Biarritz with only three dresses, and this is my favourite — severe black silk. The collar, the cuffs of my gloves, and my stockings are all of white crocheted cotton. (My glasses are chained to the gold vanity-box.)

E.S.

ON my way to America, I left Lucien Lelong at the French frontier. "Please go for all of us," he said. "Try to do all that you can so that our name is not forgotten. We should like it to remain as it was. You must represent us over there. Assure everybody our work will start at the first opportunity."

We waved au revoir, and I crossed, on foot, the bridge leading into Spain. So my duty is plain. War is behind me, and I am given a definite assignment from the head of "*La Chambre Syndicale de la Couture.*"

Right from the beginning of the war, of course, great difficulties confronted the *couture* in France. All branches of the industry were affected, and everything was upset. We could count on nothing. The accessories were immediately hit, with leather and metals for buttons and bags taken for the Army. Silks, some of them, were taken for airplane cloth. (But the manufacturers worked magnificently to supply us with other materials.) Certain dyes, especially some yellows, were proscribed. Rapidly we learned to do without all these things, however; to depend more and more on personal struggle and on the tricks of our own invention. When I found that I could not get buttons, I took the fastenings from dog leashes for my coats; I put chains through buttonholes.

This state of affairs made the spring Mid-Season Collections difficult, but buyers and private customers who saw our Collections agreed that Paris had not shown such beautiful models in years. Many were sorry later that they had not bought more generously. The showing was a remarkable demonstration of the spirit of France at this moment.

When work was well under way on our last showing, all the men were called up for the Army. Not a tailor was left, not one. I had to let every man go, but the women finished what the men had left. We managed to be ready, to give our best; and under this terrific stress, some creators made better designs than they had ever realized were possible.

We were distressed over the disappearance of our private clientele. There was only one country we could deal with—America. All others were out. To that worry were added our own private sorrows. All the women remained in the workrooms; many, as is usual in war, expecting babies. As they sewed, they talked of the war in Finland, of the babies born in the snow and wrapped in newspapers. For half an hour each day, therefore, these women worked on warm woollens for the babies of Finland.

Swiftly, unexpectedly, and grimly, before we knew it, the Lowlands had been invaded, and the Belgian calamity had come. Frenchmen rushed to help, and many of them were lost, killed. I left my Paris atelier to tour the front with the Salvation Army, opening *foyers*, canteens for them. When I returned to Paris, the Salvation Army Commissioner asked me to make a uniform for the women, a uniform much like the one I had worn. (Continued on page 104)

「純粋に社会的な見地からすると、新しい精神には数多くの利点がある」。戦争が勃発したとき、イギリス版『ヴォーグ』はこう述べた。「そのほとんどが偽り、愚かさ、うぬぼれからなる暗雲が、魔法にかけられたように吹き飛ばされるのだ」。1939年から45年のあいだ、フランスクチュール界は限界まで力を尽くして奮闘した。リュシアン・ルロン率いるパリ・クチュール組合は、ファッション産業を（ベルリンに移転するというナチスドイツの策謀をしのぎ）パリに残留させたが、ミシェル・ド・ブリュノフは、戦争中はフランス版『ヴォーグ』を休刊とし、ドイツとの共同製作という形を拒んだ。パリコレクションはドイツ軍がパリに侵攻した1940年6月まで継続された。この時点でスキャパレリは人員を最小限に減らして事業を縮小し、自らはアメリカへと向かった。1945年に帰国したときにはパリもクチュール界も様変わりしていた。客は変化し、女性たちが求めたのは彼女が12年間あれほどまで順調に展開した「ハードシック」とは違うものだった。だが、スキャパレリは時代の精神をとらえることができなかったのだ。今なお『ヴォーグ』やライバルのディオールとバレンシアガからは大いに尊敬されながらも、これ以降1973年の彼女の死まで、事業は衰退の一途をたどっていく。

アメリカ版『ヴォーグ』1940年9月1日号に掲載されたスキャパレリの記事。第二次大戦勃発後のパリについて、そしてフランスクチュール界存続のために講じた策について語った。

スキャパレリはフランスのファッションと文化を促進するため、アメリカを横断する講演旅行を始めた。勇敢にも彼女は、アメリカではファッションは「果てしないスケールの考察と生産の上に成り立っているが、我々のファッションは、美しいアトリエで繰り広げられる探究と空想によってでき上がるものだ」と主張した。コレクションは一度発表したが、1945年までに手がけたのは唯一それだけだ。ファッション関連の仕事の依頼は（ダックスフントのウェディングドレスのデザインを除き）すべて断った。それは、スキャパレリブランドに損失を与えるのではないか、フランス服飾産業に対する不義理ではないかとの思いからだった。

　個人的にはスキャパレリは無為な生活を送っていた。というのも1927年以来、彼女の最大の原動力は仕事だったのだ。香水事業によって経済的にはやっていけたので、かつて悩まされた鬱の症状にふたたび見舞われたときには、ロングアイランドにひっそりと建つ小さなコテージに移り住んだ。彼女は突然帰国し、1941年1月から5月までをフランスで過ごしている。

1939年の巾着形ポケットをつけたカーキ色のスーツ。下にコーデュロイのトマト色ブルーマーを着用している（上）。エリック画。ショッキング・ピンクの矢印を刺繍した1940年の黒ジャケットのアンサンブルに、ショッキング・ピンクのバラで飾った縁なし帽とジャージー素材のグローブを合わせた（右）。アンドレ・デュルスト撮影。

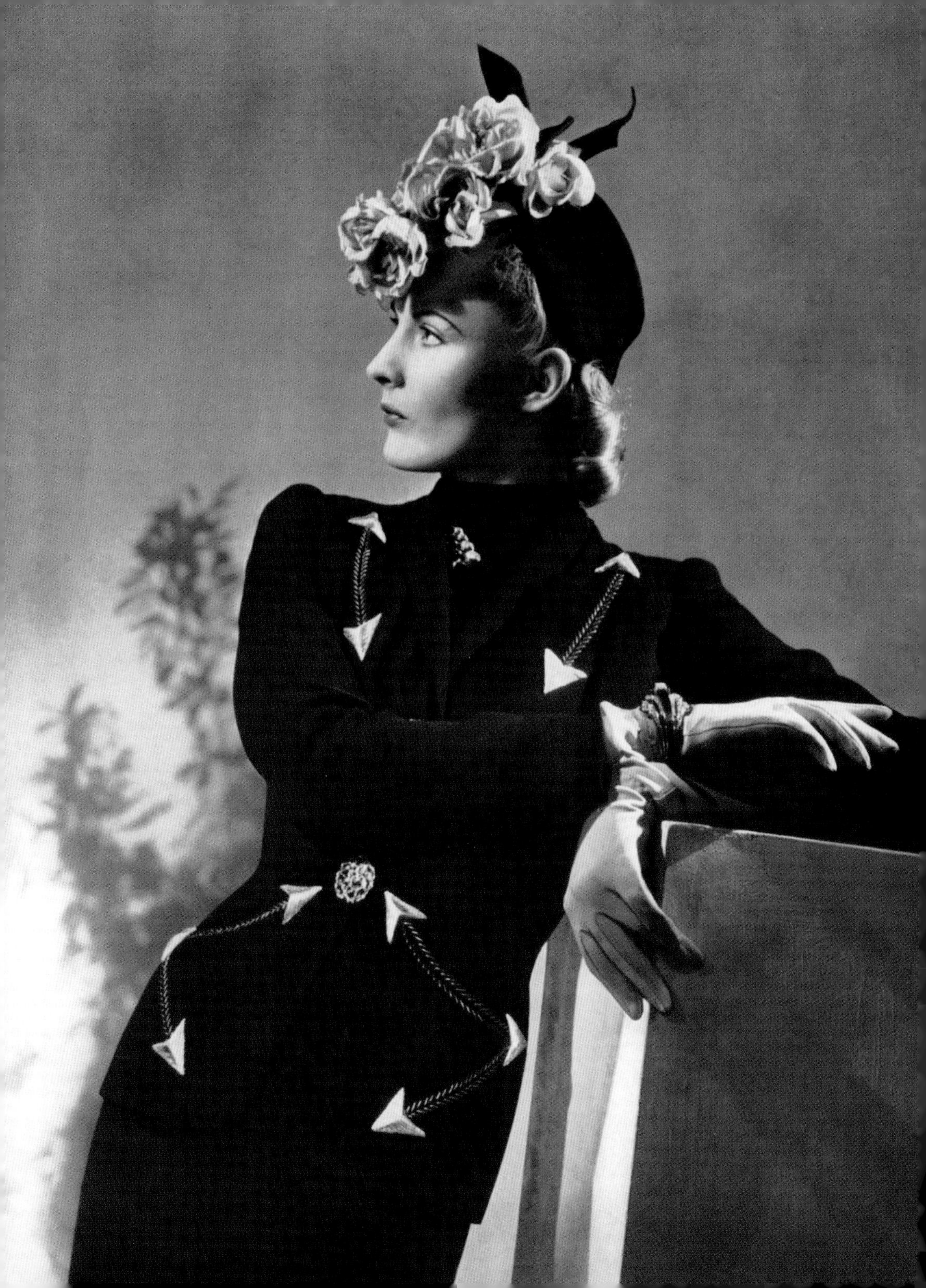

スキャパレリの '12の掟'

1. たいていの女性は自分自身をわかっていない。わかろうとすべきである。
2. 高価な服を買っては取り替え、よくさんざんな結果に終わる女性は、浪費家であり愚かである。
3. ほとんどの女性（そして男性）には色が見えていない。人にアドバイスを求めるべきである。
4. 覚えておくこと：世の女性の20パーセントは劣等感を抱え、70%は幻想を抱いている。
5. 90パーセントは人より目立つことを恐れ、人の言うことを気にする。それでグレーのスーツを買う。思い切って人とは違ったことをすべきである。
6. 女性はしかるべき人の批評やアドバイスを聞いたり、求めたりすべきである。
7. 服を選ぶときはひとりか、もしくは男性と一緒に選ぶこと。
8. 女性とふたりで買いものにいくのは御法度だ。女性はときにはわざと、たいていは無意識に、嫉妬心を抱きがちである。
9. 買いものは少なく、そしていちばんいいもの、あるいはいちばん安いものを買うこと。
10. 服を体に合わせるのではなく、服に合うよう体を鍛えること。
11. 女性は、おもに一軒の店、それも自分のことを知っていて尊重してくれる店で買いものをすべきである。新しい流行には急いで飛びつかないように。
12. そして、支払いは自分ですること。

Paris presents:
Schiaparelli's battalion flag prints

see facing page

Schiaparelli

designs a wardrobe in the U.S.A

Elsa Schiaparelli is now in America and, of course, designing clothes. Wherever she goes, whatever she creates will make fashion news the world over. The clothes on these pages, for instance, were all designed for herself, to wear on a lecture tour through the States, but America, naturally, copied them immediately. We can't wear these exact models, but they can give us ideas . . . as Schiaparelli's clothes have always done.

The whole of this little collection—sixteen outfits in all—carries the unmistakable stamp of Schiaparelli. Every belt, button, glove, hat, shows her passion for individualism. Sloping shoulders appear unexpectedly—instead of her beloved padded ones. Pockets hide in side seams. Coats hang loose. There are unpressed pleats under elastic belts. Fur cuff-muffs on gloves. (The rest of her wardrobe is on pages 80-81.)

PURE SCHIAPARELLI, this navy-blue broadcloth suit, slim and fitted, high-lighted with black velvet pockets and a tab-collar, buttoned with enamel maps of the world

LOOSE COAT hanging straight from the shoulder with pockets on the collar, and huge buttons stamped with an S. The fabric is toffee-tan Vicuña cloth. Brown suède hat

この旅は失敗に終わり、戦中から戦後期にはスキャパレリがファシズム信奉者だといううわさが流れるようになった。しょせんはイタリア人なのだ。現にドイツ当局には疑いの目を向けられ、米国大使館からは国外退去を勧められた。1940年のドイツの条例では、ユダヤ系企業の登録が義務づけられた。スキャパレリの会社の主要株主はユダヤ人だったため、自らが有限責任会社の社長兼取締役となって難を逃れようとしたが徒労に終わり、結局は友人や見ず知らずの人たちの協力を得てニューヨークへと亡命する。1941年にはヴァンドーム広場21番地の壁に反ナチスを掲げた挑戦的な掲示が貼られた。スキャパレリが見たらどれほど喜んだであろう！このサロンは1942年以降ドイツ当局の監督下に置かれた。

　1941年にアメリカに戻ったスキャパレリは、アメリカのフランス救援組織に加わり、文化的な行事に取り組んだ。彼女はアンドレ・ブルトンやマルセル・デュシャンとともに『ファースト・ペーパーズ・オブ・シュルレアリスム展*』を開催し、アメリカの生活がフランス人芸術家にもたらした影響を紹介した。また、赤十字に所属して看護助手となった。「モード界の女王と呼ばれたスキャップが、ぺたんこの白いズック靴に白い綿のストッキングを履き、青い綿のエプロンという格好で朝6時にニューヨークの街を歩く姿は可笑しかった」と語る。この仕事は彼女に自尊心を与えてくれた。人の体を洗い、人の話に耳を傾け、生臭い匂いに浸されることで、スキャパレリはふたたび人間らしさを取り戻していった。

　だが、その知名度は世間の興味を引き、何者かが自分に対して悪意を持った行動に出ているのではないかとスキャパレリは感じ始める。その没後、新聞によって明るみに出たのだが、彼女は反英国だとささやかれていたのだ。スキャパレリのなかにファシストの血は流れていない。だが、うわさは広まっていった。パリ在住ドイツ人の帽子職人がつくった帽子をうっかりかぶったところ、『ザ・ニューヨーク・サン』紙は「ナチスがパリファッションを強要」という見出しの記事を掲載した。スキャパレリは帽子製造業組合から非難を受け、FBIによる査察を受けた。この一件で着せられた汚名が、パリでのかつての栄光を復活させる妨げとなったことは言うまでもない。

アメリカ講演旅行で発表したカプセルコレクション。1945年7月のフランス帰国までに手がけた最後のデザイン。エリックのイラストは、1938年にブルメンフェルドが撮影したポートレート写真をもとにしている。

前頁　ドイツ軍のフランス侵攻前の最後のコレクションとなった1940-1年秋冬シーズン。悲惨な状況下での仕事ではあったが、「自分でも想像できないほどすばらしいデザインをしたクリエイターもいた」とスキャパレリは語った。クリスチャン・ベラール画。

*シュルレアリスムの米国帰化申請書の意

1945年6月、すなわちヨーロッパ戦勝記念日の1ヶ月後、リュシアン・ルロン率いるパリ・クチュール組合の派遣団がニューヨークに到着し、スキャパレリは法廷のような場に召喚された。彼女は戦争中の行動について尋問されたあげく、ファッションメディアがデザイナー向けに開催するいかなるパーティにも参加できない旨を告げられた（これがファッション業界である。パーティからの除外ほど重い罰則はない）。「私はこの訳のわからない委員会と呼ばれる席で、自分の唯一の罪はと言えば、戦争の始まりから終わりまでフランス服飾産業の名声を大胆に守り続けたことだと訴えた。ばかげたやり取りのなか、委員のひとりがひと言だけ人間らしい言葉を発した。『ああ、ともかくそれは勇気のいることでしたね！』」

　1945年7月にパリに戻ると、スキャパレリは「食料品店、肉屋、生活用品店といった新興成金の妻たち」という新たな客層を目の当たりにした。スキャパレリの作品に、戦後の女性はフェミニンさを求め、プレスやバイヤーはカジュアルでアメリカ的な感覚を期待した。だが彼女は時代のムードをとらえるのではなく、過去を振り返った。「当時の世相に歩調を合わせられず、1940年の自分に同調してしまった」と、戦後の自らの"失敗"について分析する。「私は、女性たちが新しいライフスタイルに向き合えるよう、ほっそりとエレガントにしようと努めた。戦前に見られた類いのエレガンスがもはや存在しないということに、すぐには気づかなかったのだ」

　偉大なる"ヴォーグの貴婦人"たちはすでにモード界を退き、新たなファッションリーダーとなる男性デザイナーたちに取って代わられていた。1947年5月号の『ヴォーグ』誌面を占拠していたのはクリスチャン・ディオールだった。「ディオール——そうクリスチャン・ディオールこそがパリの新星だ。デビューコレクションでは、その名を一躍有名にしたばかりか、ややもすると退屈なシーズンのなかで人々の興味を呼び覚まし、ファッション全体のムードを復活させた。彼は斬新なアイディアを巧みな技術で具現する。その仕立ては見事で、まさにパリの香りそのもの、この上なくフェミニンだった」。ディオールの「花冠(コロール)」ラインは、カーメル・スノーによって「ニュールック」という名を冠せられた。彼のデザインは、1939年にスキャパレリがあえて避けたコルセットとクリノリンを用いた回顧スタイルだった。スキャパレリの帽子は『ヴォーグ』誌面で目立ってはいたが、レースのブラウスは新進デザイナーによる力強く生き生きとしたシルエットの傍らで時代遅れの寂しさを

醸し出していた。ディオールのドレスは、ウエストを絞るコルセットと、配給制に反抗した大量の布地を使うペチコートで女性の体を形づくるものだ。これは、スキャパレリの唱えたドレスに合うよう体を鍛えるという考えとは対極をなしていた。彼女は警鐘を鳴らす。「ニュールックは、周到に企画され十分な資金調達も得て、かつてないほど大がかりな宣伝活動が行われたが、ファッション史上もっとも息の短いスタイルとなった」。バレンシアガ、バルマン、ファス──モード界に登場した新鋭たちの名である。シャネルは「あの殿方連中！」と、ばかにしたように鼻先で笑った。

　追い打ちをかけるように、かつてスキャパレリの名を高める上で大いに貢献したファッションイラストが『ヴォーグ』誌面から消え去った。代わってその座についたのが、これまで面識のない数多くの花形写真家たち、とりわけノーマン・パーキンソン、ヘンリー・クラーク、ヘルムート・ニュートン、アーヴィング・ペン（1950-1年冬コレクションの「オブリーク」スーツの写真が『ヴォーグ』1950年10月号に掲載）などだった。

　スキャパレリは、後にそのクチュール部門が閉鎖に至った一因として、1947年にパリ・クチュール組合が導入した制度を非難している。それによると、バイヤーが各ショーに出席するには入場料が必要で、少なくともドレス1着の購入が求められた。メディアによるショーの写真撮影は禁止され、ショーの後に撮影許可が下りても、掲載にはほぼ1ヶ月を待たなければならない。「そのころには話題性も失っている」と彼女は言う。さらに戦後のインフレによってドレスの価格は1着につき100-300ポンド上昇し、その値段は輸入税前の段階ですでに法外なものになっていた。こうしたパリ・クチュール組合の新制度によってブランドが被った損害を取り戻すべく、1953年にメーカー各社と11のライセンス契約を結び、デザインのライセンス供与という策に乗り出した。すでに経営状況はかなり逼迫していた。

　イギリス版『ヴォーグ』にスキャパレリが最後に掲載されたのは、1953年9月号の型紙付録だった。すでにチュニジアのハマメットに別荘を購入し、関心はもっぱらふたりの孫娘、マリサとベリンティア（ベリー）のベレンソン姉妹に向けられていた。それ以外の時間は、1954年出版の自伝の執筆に充てられた。1954年2月3日、最後のコレクションを発表。同年12月13日、破産申告を行った。

次頁　解放後のパリで撮影されたマレーネ・ディートリッヒ。マゼンタ色のレーヨンサテン地に英国を象徴するライオンと淡いブルーの花柄がほのかにプリントされた、スキャパレリのコートをまとう（左）。「パリではイヴニングコートを着ることはないため、暖かなホステスガウンとして使われるだろう」と『ヴォーグ』は紹介した。リー・ミラー撮影。

1944年9月にセシル・ビートンが撮影したスキャパレリのポートレート。スクリーンの前でシュラー地の縞のターバンを巻き、黒のスーツにはシュルンベルジェのブローチをつけている。

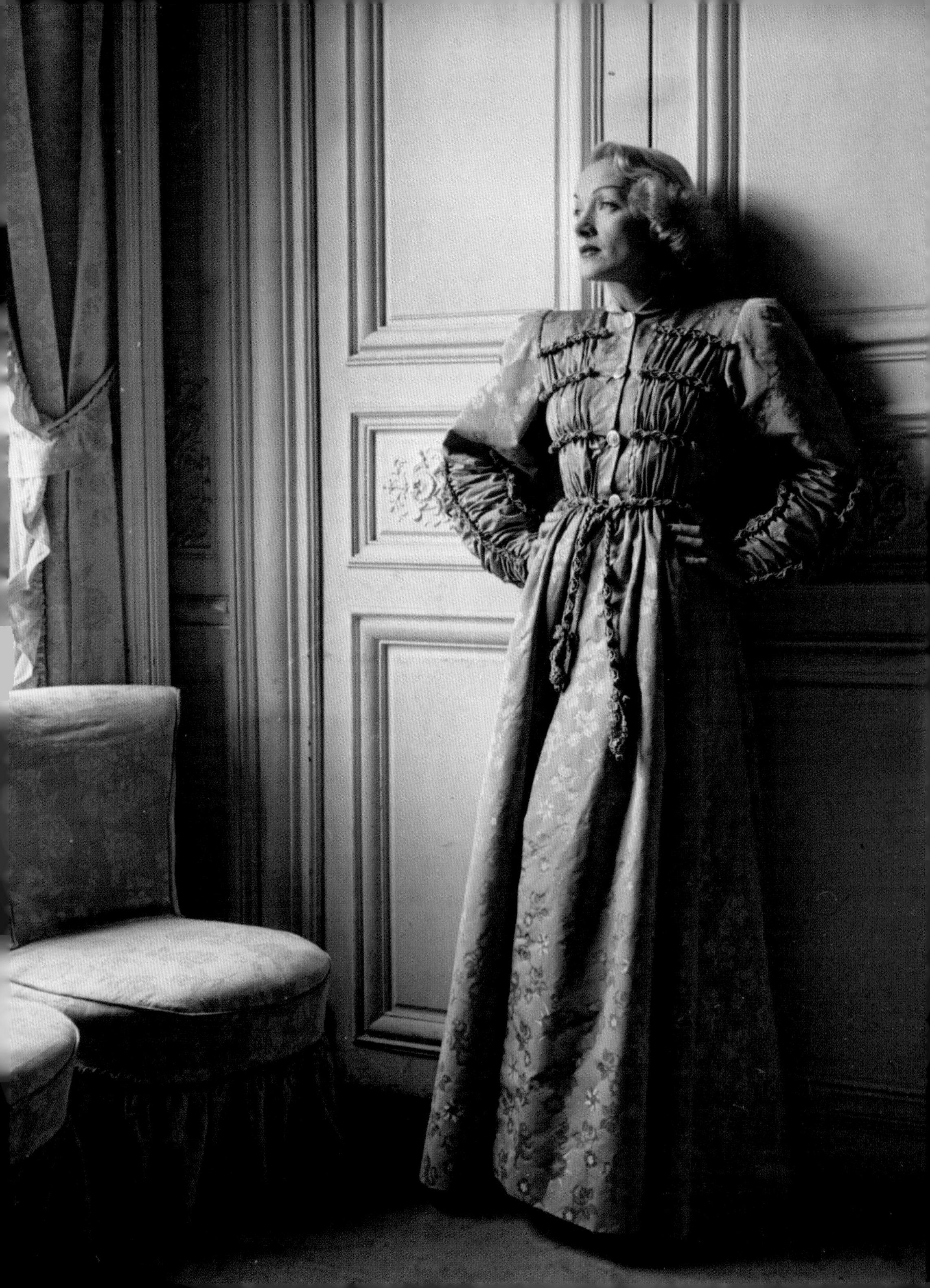

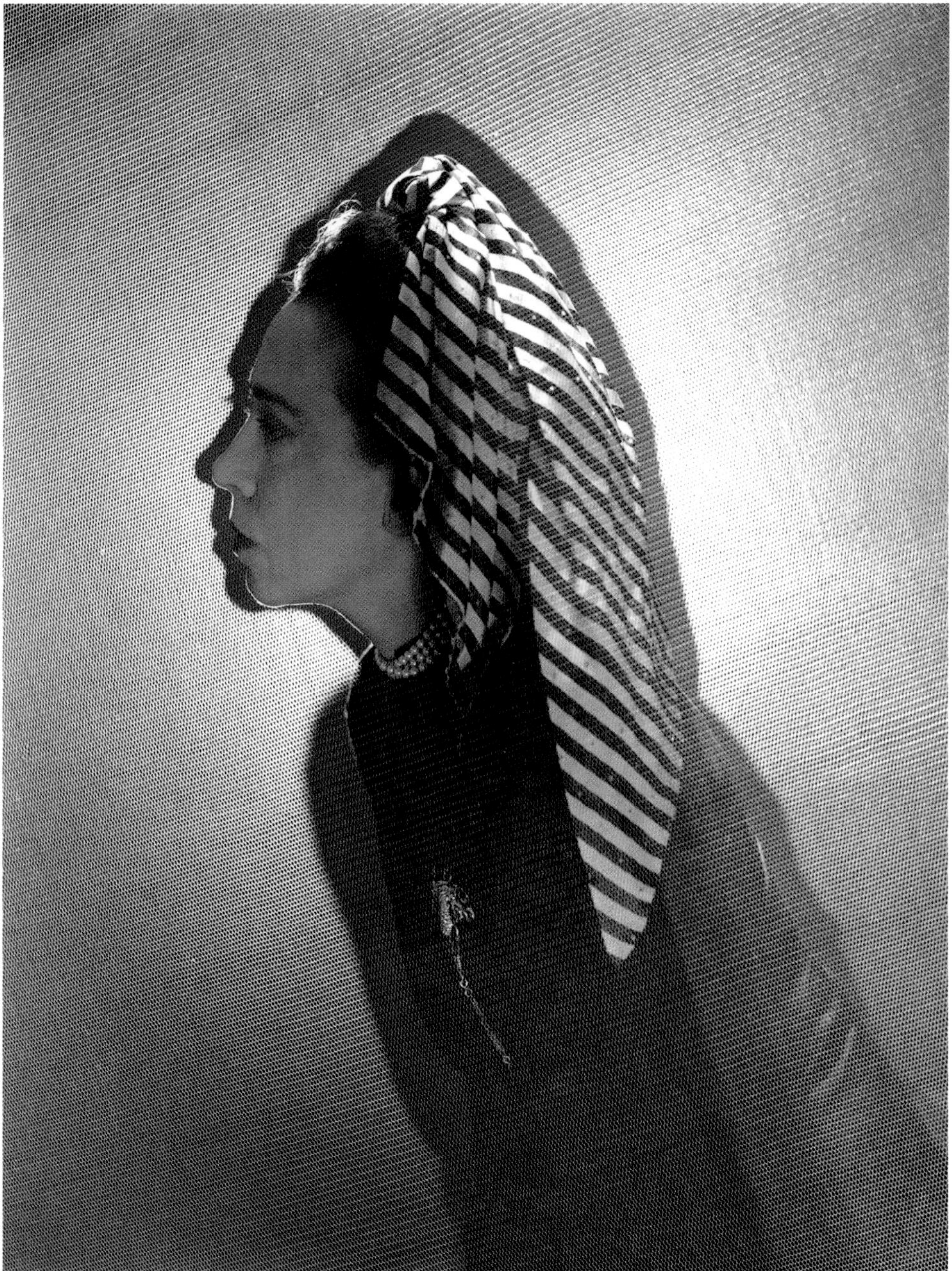

その後19年間、スキャパレリは旅や来客のもてなし、香水と小物のプロモーション活動を行って過ごした。服は、彼女がもっとも称賛するデザイナー、クリストバル・バレンシアガとイヴ・サンローランを身につけた。スキャパレリは1973年11月13日に83才で永眠する。パルマー・ホワイト著『スキャパレッリ』(1986年)の序文で、「彼女が逝ったとき」と、サンローランはこう記した。「粋はまぶたを閉じた。粋だけがそうできたのだ。彼女は他の誰にもそれを許しはしなかった」

スキャパレリはインタビューで、後進デザイナーの置かれた商業主義を批判している。「残念きわまりないのは、最近のデザイナーは確実な売れ筋をつくらなければという重圧で、自分のしたいようにはできないこと。大胆さはなくなってしまった。もう誰も夢を見ることはできない」と。想像力と大胆さ。スキャパレリの代表作を定義するこのふたつの特徴は、イヴ・サンローランとアレキサンダー・マックイーンのデザインの源泉となった。サンローランの1980-1年冬のオートクチュールコレクションでは、ルイ・アラゴンの詩『エルザの瞳』をルサージュが刺繍した黒いジャケットが披露されている。ショッキング・ピンクのジャケットは、1938年にベラールの挿絵で『ヴォーグ』に紹介された、スキャパレリのピンクのケープに着想を得たものだ。またマックイーンの言う、ファッションショーはコレクションの気分を押し上げるよう豪華絢爛であるべきという考えや、自分の内なる世界を描き、観客の潜在意識に働きかけるという手法はすべてスキャパレリの持ち味だった。時代の精神をうたい、シュルレアリスムのモチーフを使ったデザイナーには、ジャン=ポール・ゴルチエ、川久保玲、クリスチャン・ラクロワなどもいる。だが、型破りさとフォルムに対する精緻な感性という点で、マックイーンはスキャパレリにもっとも近い存在だった。帽子職人のスティーヴン・ジョーンズ(1988年ニューヨーク・メトロポリタン美術館開催の『ファッションとシュルレアリスム』展に出品)にとって、スキャパレリはつねに特別だったと言う。「最初から、彼女は私にとって誰よりも大きな存在だった。1976年にパンクが台頭し始めたとき、スキャパレリはその源流の一筋となっていたがシャネルは違った」。サンローランはこう綴っている。「マダム・エルザ・スキャパレリは凡庸なるものすべてを踏み潰した。彼女は比類なき人。その想像力には際限がない。彼女に匹敵する者など見つかりようがない」

バッスルと細身のシルエットはスキャパレリの象徴だが、1947年2月に発表されて大喝采を浴びたディオールの「コロール」ラインとは対照的だった。背景の絵画はトゥルーズ・ロートレックの『ラ・グーリュ』。ホルスト撮影。

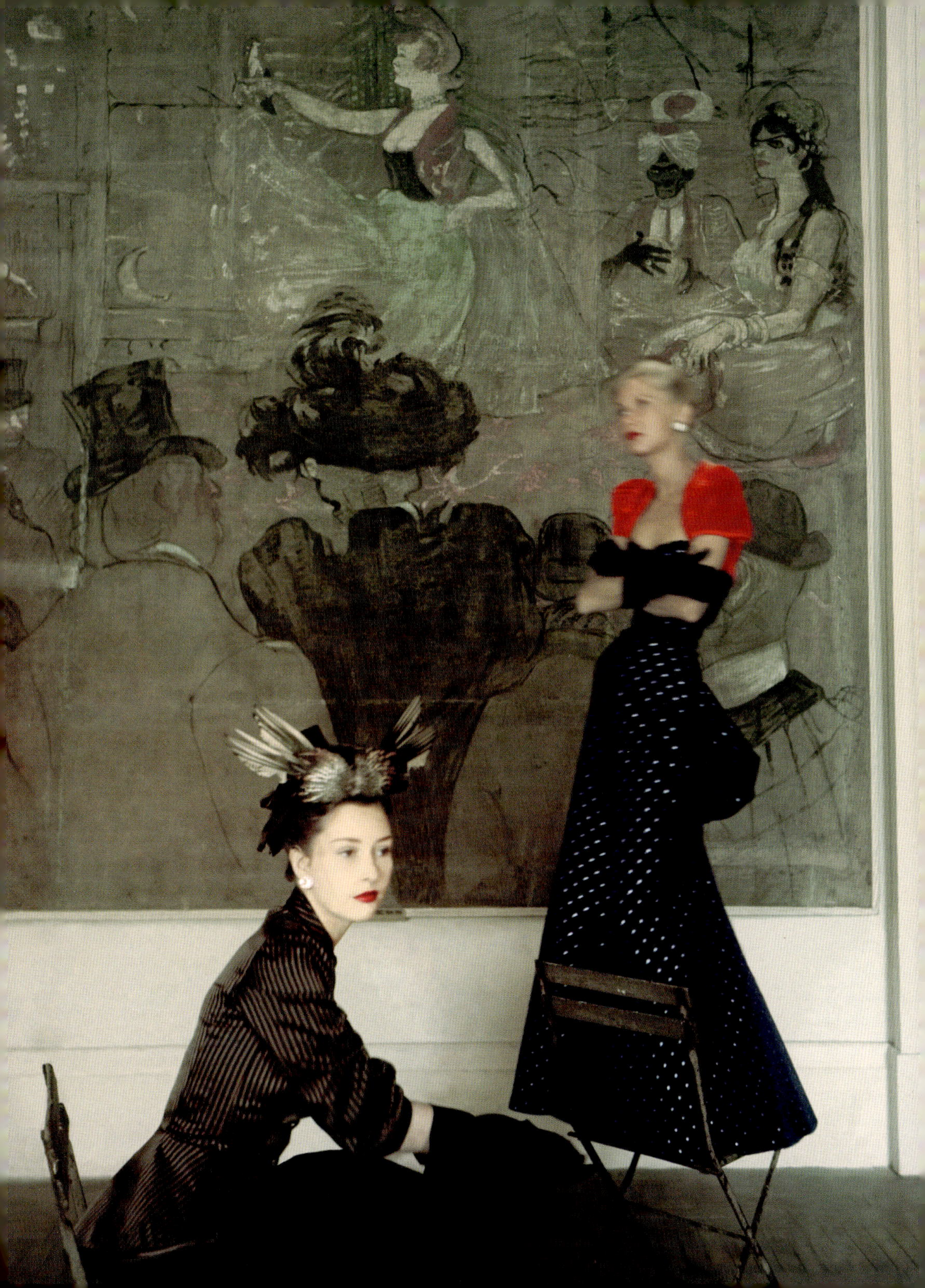

索　引

イタリックの数字は写真とイラストレーションを指す。

あ
アガ、ドクター・M・F　34, 36, 98, 104
アスキス、マーゴット、オックスフォード伯爵夫人　80, 82
「嵐」コレクション（1933年）　56, 57, 60, 66
アルレッティ（レオニー・バチア）38, 59
アントワーヌ、ムッシュ　28, 29, 45-6, 80
「異教徒」コレクション（1938年）132
インド王妃のガウン　78, 80
ウィリアムズ夫人、ハリソン　49, 70
ウィンザー公爵　105, 106
ウエスト、メイ　112, 113, 114
『ヴァニティ・フェア』29
ヴィオネ、マドレーヌ　24, 70
ヴェルテス、マルセル　50, 104
"ヴォーグの貴婦人"　46, 48, 51, 70, 137, 150
ヴリーランド、ダイアナ　50, 114
エリック（カール・エリクソン）108, 110-11, 137
　「嵐」コレクション　56
　ESのポートレート　148
　巾着形ポケットつきスーツ　144
　「ショルダートレー」ライン　58
　「立ち止まって、見て、聞いて」コレクション　78, 80
　「パラシュート」ドレス　87
　「フリギア帽」103, 104
　「兵士」のヘルメット　82, 83
　「妖婦」のドレス　113-14, 115
エルンスト、マックス　20, 21
「王党派と共和派」コレクション（1935年）　80, 82, 84-5
「おもちゃの兵隊シルエット」　53, 54

か
「骸骨」ドレス　128
カサーティ公爵夫人、ルイーザ　10-11
『ガゼット・デュ・ボントン』29
カラム王女、カプルサラの　79-80
カーン、チャールズ　22, 36
ギボンズ、ステラ　33
キュナード、ナンシー　21, 24
クチュール組合　150, 151
グッゲンハイム、ペギー　22
グラフストローム、ルース・シグリッド・94
クランプ留め具　35, 52, 53
クレア、アイナ　24, 25
クレスピ夫人、ヴィットリオ　67
クレマン、ジャン　36, 37, 93
クロフォード、ジョーン　77, 79
ケルロル伯爵、ウィリアム・ウェント・ド　11-12, 14
香水　13, 50, 112, 113, 143
コヴァルピアス、ミゲル　86
コクトー、ジャン　9, 20, 74, 104
　ESとのコラボレーション　122-3, 123
　ESに関して　116
　『詩人の血』82
「コメディア・デラルテ」コレクション（1939年）　48
コラー、フランソワ　139
コルコンベ、シャルル　33, 46, 66, 80
ゴルチエ、ジャン＝ポール　9, 154

さ
サヴィル・ロウ　57
サリュー　13
サリー　78, 80
サンローラン、イヴ　9, 154
『ザ・ニューヨーク・サン』149
「サーカス」コレクション（1938年）124, 126-7, 128
「シガレット」ライン（1939年）135
刺繍　93, 94, 96
シャネル、ガブリエル"ココ"　29, 45, 116, 151
　ESとのライバル関係　24, 26, 98, 120
　成功　20, 46, 50, 74
『ジャルダン・デ・モード』29
シュルレアリスム　17, 20-1, 37, 74, 93, 98-105, 128
シュルンベルジェ、ジャン　121, 131
「シューハット」116, 119
ショッキング　112, 113
「ショルダートレー」ライン　58, 59
ジョーンズ、スティーヴン　9, 154
ジョーンズ、ベティーナ　28, 29, 38, 39, 49, 50, 74

シンプソン、ウォリス　105, 106, 107
ススィ　13, 50
スキャパレリ、エルザ
　鬱　11, 143
　ヴァンドーム広場21番地　74, 79, 94
　ケルロルとの結婚　11-12, 14
　死　143, 154
　事業の衰退　143, 149, 150-1
　自然界のモチーフ　93, 105
　自伝　10, 21, 38, 151
　"12の掟"　146
　シュルレアリスムへの関心　9, 37, 98, 101, 104, 128
　初期の仕事　9, 16, 17, 20
　人格　45
　成功　24, 34, 36-7, 50, 120
　占星術への関心　132, 135
　代表的シルエット　38, 45, 53, 54, 58, 66, 70, 155
　東洋哲学への傾倒　79-80
　とコクトー　82, 124, 123
　とダリ 22, 66, 98, 100, 101, 105, 106, 116, 128
　とルサージュ　93, 94, 96
　パリにて　13, 14, 142, 143
　幼少期　10, 11, 135
　ロンドンのサロン　57, 68-9, 135
スキャパレリ、チェレスティーノ（ESの父）　10
スキャパレリ、マリア・ルイーザ"ゴーゴー"（ESの娘）　10, 12, 14, 98, 131, 132
スキーウェア　34, 35
スケルトン、バーバラ　57
スタイケン、エドワード　9, 12, 36, 37, 41, 51, 52, 77
砂時計シルエット　113
スノー、カーメル　26, 38, 70, 150
赤十字　149
「占星術」コレクション（1938-9年）132, 133, 134
素材　33-4, 46, 66, 67, 82, 84

た
「立ち止まって、見て、聞いて」コレクション（1935年）　78, 79, 138-9
ダビドゥ、ウィリアム・H＆サンズ・カン

パニー 22
ダリ, ガラ 101, 114, 116, *119*, 120
ダリ, サルバドール 22, 66, 93, *125*
　『イヴニングドレスの夢』 104
　ESとのコラボレーション 98, *100*, 101, 116, 128
　ウォリス・シンプソンのドレス 105, *106*
　『屍姦の春』 128
　『人の形をしたキャビネット』 101
ダルヴァス, リリー 104
チェイス夫人, ウールマン 70, 104, 105, 120
チュニジア 97, *97*
「蝶結び」セーター 21-2, *23*, 24
ディオール, クリスチャン 45, 66, 143, 150-1, 155
「ディスプレイNo.1」コレクション(1927年) *16*, 17
「ディスプレイNo.2」コレクション(1928年) *23*, 29
ディートリッヒ, マレーネ 57, 79, *102*, 104, 113, 152
「デスクスーツ」 100
デュシャン, マルセル 12, 20, 149
デュナン, ジャック 46, *47*
デュルスト, アンドレ 99, *145*
デ・アルバレス, リリ 45
「道化芝居:ピエロ,コロンビーナ,ハーレキン」(1939年) 135
「鳥」のシルエット(1934年) *62*, 66

な
ナスト, コンデ 29, 33, 34, 46, 70
ニットウエア 20, 21-4, *25*, 26, 33
『ニューヨーカー』 50
ニン, アナイス 82

は
バッスル 46, *51*
パトゥ, ジャン 24, 29, 36
「パラシュート」形ディナードレス 86, *86*, 87
バラード, ベティーナ 9, 38, 46, 49, 50, 79, 94
パリ・ヴァンドーム広場21番地 74, *75*, 79, *94*
パリ・クチュール組合 143, 151
バルコム夫人, ロジャー *48*
バレンシアガ 132, 143, 151, 154
「ハードシック」 *109*, 143
『ハーパース・バザー』 70, 74, 82, 114, 116

ピカビア, ガブリエル 12, 14
「引き裂かれた」ドレス 128, *128*
「抽斗」ポケット *100*, 101
ヒロン 35
「ヒンドゥー教徒」のイヴニングドレス 78, *79*
ビーチウエア 26, *28*, 29, *31*, 32
ビートン, セシル 9, 33, 53, 86, 104
　イラスト 46, *47*, *62*, *75*, *80*, *122*, *138*
　ES/コクトーとのコラボレーション 124
　ESのポートレート *153*
　ウォリス・シンプソン 106-7
　シュルレアリスムの写真 *100*, 101
「占星術」コレクション *134*
　マレーネ・ディートリッヒ *102*, 104
　ミッドシーズンのシャツコート 93
ファスナー *15*, 34, 70, *71*
『ファースト・ペーパーズ・オブ・シュルレアリスム展』(1941年) 149
フィニ, レオノール 113
フェローズ夫人, レジナルド(デイジー) 50, *78*, 80, *81*, 95, 116, 120
フォシニ=リュサンジュ王女, ジャン・ルイド,「ババ」 *46*, 49
フラナー, ジャネット 50, 53
フランク, ジャン=ミシェル 37, 74
「フリギア帽」 *103*, 104
ブリュノフ, ミシェル・ド 29, 34, 143
ブルトン, アンドレ 20, 101, 149
ブルメンフェルド, アーウィン 130, *132*, 148
フロイト, ジークムント 20-1, 101
フロッタージュ 21, *22*
「兵士」のヘルメット *82*, 83
ヘイズ, ブランチ 14, 17
ベニート, エドゥアルド 9, *61*
ベラール, クリスチャン"ベベ" 113, 116, 135
　「王党派と共和派」コレクション *82*, 84-5
　香水「ショッキング」の発売 114
　「サーカス」コレクション 126-7, *128*
　1940-1年秋冬コレクション 147
　「占星術」コレクション *133*
　デュシャン・サテンのドレス *136*
　「ハードシック」 *109*
ベレンソン, マリサ 128, 151
ホイニンゲン=ヒューン *8*, 9, 104
　イヴニングウエア *38*, 39
　「ディスプレイNo.1」 *16*, 17
　ベティーナ・ジョーンズ 26, *28*, 29

「マッド・キャップ」 *25*
ロードファンのチュニック 67
ボシェ, マン 21-2, 26, 34
ボニー姉妹,テレーズとルイーズ 34
ポラード, ダグラス 21-2, *23*, 40, 54
ホルスト, ホルスト・P *28*, 38, 155
　イヴニングウエア *48*
　ESの写真 *97*, *124*
　ES/シャネルのライバル関係 120
　東洋の舞踏会 *80*, *81*
ポワレ, ポール 9, 12, 14, 29, *31*, 70
ボート=ウィロメ, バブス *44*, 49-50
ボート=ウィロメ, レーヌ *44*, *60*, 63, 66, 68-9, 117

ま
マクドナルド, ホーテンス 36, 86
「街用」(1930年) 36
マックイーン, アレキサンダー 9, 154
「マッド・キャップ」 24, *25*, *44*
マネ,エドゥアールの『ナナ』 *137*
マンボシェ 21-2, 24, 46, 49, 105
ミカエリアン, アローズィアグ"マイク" 21
ミッドシーズンのシャツコート 93
ミットフォード, ナンシー 53
ミラー, リー *152*
メンドル, レディ 49, *78*, 80, 128, *134*

や
「夜会用」(1930年) 36, *39*
「妖婦」のイヴニングドレス 113-14, *115*
ヨクスオール, ハリー 132

ら
ラヴァルリー, レイモン・ド *32*, 121
ラップドレス 29, *31*
ランバル, メゾン 17
ランバン *31*, 35, 53
ルサージュ, メゾン 93-6, 124, *123*, 128
ルフ, マギー 17
ルロン, リュシアン *31*, 49, 53, 143, 150
レイ, マン 12, *13*, 20, 82, 104
『レディース・ホームジャーナル』 24, 34
ロジャース, ミリセント *48*, 49

参考文献

Ballard, Bettina, *In My Fashion*, Martin Secker and Warburg, 1960
Blum, Dilys, *Shocking! The Art and Fashion of Elsa Schiaparelli*, Philadelphia Museum of Art, 2003
Bonney, Therese and Louise, *Shopping Guide to Paris*, Robert M. McBride, 1929
Burke, Carolyn, *Lee Miller*, Bloomsbury, 2005
Byers, Margaretta with Kamholz, Consuelo, *Designing Women: The Art, Technique, and Cost of Being Beautiful*, Frederick Muller Ltd., 1939
Chase, Edna Woolman and Chase, Ilka, *Always in Vogue*, Doubleday and Company, 1954
Evans, Caroline and Thornton, Minna, *Women and Fashion: A New Look*, Quartet Books, 1989
Flanner, Janet, 'Profiles: Comet', *The New Yorker*, June 18 1932
Harper's Bazaar editorial, 'The Big Ten', November 1934 (writer uncredited)
Howell, Georgina, *In Vogue: Six Decades of Fashion*, Allen Lane, 1975
Mackrell, Dr Alice, *Art and Fashion: The Impact of Art on Fashion and Fashion on Art*, Batsford, 2005
Martin, Richard, *Fashion and Surrealism*, Thames and Hudson, 1988
Morand, Paul, *The Allure of Chanel*, Pushkin Press, 2008
Schiaparelli, Elsa, *Shocking Life*, Dent, 1954: 146 Shocking Life: The Autobiography of Elsa Schiaparelli, V&A Publications, 2007
Seydel, Renate, *Marlene Dietrich – a chronicle of her life in pictures and documents*, 1990
Skelton, Barbara, *Tears Before Bedtime*, Hamish Hamilton, 1987
Snow, Carmel, *The World of Carmel Snow*, McGraw Hill, 1962
Vreeland, Diana, *D.V.*, Weidenfeld and Nicolson, 1984
White, Palmer, *Elsa Schiaparelli: Empress of Paris Fashion*, Aurum Press, 1986
White, Palmer, *The Master Touch of Lesage: Embroidery for French Fashion*, France, Ste Nlle des Éditions du chêne, 1987
Yoxhall, Harry, *A Fashion of Life*, Heinemann, 1966

図版クレジット

1 Horst P. Horst/Vogue © The Condé Nast Publications Inc; 3 Carl Oscar August Erickson/Vogue © The Condé Nast Publications Inc; 4 Erwin Blumenfeld/Vogue © The Condé Nast Publications Ltd; 8 George Hoyningen-Huene/ Vogue © The Condé Nast Publications Inc; 16 ©Vogue Paris; 23 Douglas Pollard/©Vogue Paris; 25 George Hoyningen-Huene/ Vogue © The Condé Nast Publications Inc; 28 George Hoyningen-Huene/ Vogue © The Condé Nast Publications Inc; 31 © Jardin des Modes; 32 Raymond de Lavererie/Vogue © The Condé Nast Publications Inc; 35 © Jardin des Modes; 37 Edward Steichen/Vogue © The Condé Nast Publications Inc; 39 George Hoyningen-Huene/ Vogue © The Condé Nast Publications Inc; 40 Douglas Pollard/ Vogue © The Condé Nast Publications Inc; 41 Edward Steichen/Vogue © The Condé Nast Publications Inc; 44 René Bouët-Willaumez/Vogue © The Condé Nast Publications Inc; 47 Cecil Beaton/Vogue © The Condé Nast Publications Ltd; 48 Horst P. Horst/Vogue © The Condé Nast Publications Inc; 51 Edward Steichen/Vogue © The Condé Nast Publications Inc; 52 Edward Steichen/Vogue © The Condé Nast Publications Inc; 54 Douglas Pollard/ Vogue © The Condé Nast Publications Inc; 56 Vogue © The Condé Nast Publications Ltd; 58 Carl Oscar August Erickson/Vogue © The Condé Nast Publications Inc; 60 René Bouët-Willaumez/Vogue © The Condé Nast Publications Inc; 61 Vogue © The Condé Nast Publications Ltd; 62 Cecil Beaton/Vogue © The Condé Nast Publications Ltd; 63 René Bouët-Willaumez/ Vogue © The Condé Nast Publications Inc; 65 George Hoyningen-Huene/ Vogue © The Condé Nast Publications Inc; 67 George Hoyningen-Huene/ Vogue © The Condé Nast Publications Inc; 68-69 René Bouët-Willaumez/Vogue © The Condé Nast Publications Inc; 75 Cecil Beaton/Vogue © The Condé Nast Publications Inc; 77 Edward Steichen/Vogue © The Condé Nast Publications Inc; 78 Carl Oscar August Erickson/Vogue © The Condé Nast Publications Inc; 81 Horst P. Horst/Vogue © The Condé Nast Publications Inc; 83 Carl Oscar August Erickson/Vogue © The Condé Nast Publications Inc; 84 Christian Bérard/Vogue ©

The Condé Nast Publications Inc; 85 Christian Bérard/Vogue © The Condé Nast Publications Inc; 86 Miguel Covarrubias/Vogue © The Condé Nast Publications Inc; 87 Carl Oscar August Erickson/Vogue © The Condé Nast Publications Inc; 88 René Bouët-Willaumez/Vogue © The Condé Nast Publications Inc; 90 Karsavina/Vogue © The Condé Nast Publications Ltd; 91 © Erwin Blumenfeld; 92 Vogue © The Condé Nast Publications Ltd; 94 Ruth Sigrid Grafstrom/Vogue © The Condé Nast Publications Inc; 95 Cecil Beaton/Vogue © The Condé Nast Publications Ltd; 97 Horst P. Horst/Vogue © The Condé Nast Publications Inc; 99 André Durst/Vogue © The Condé Nast Publications Inc; 100 Cecil Beaton/Vogue © The Condé Nast Publications Inc; 102 Cecil Beaton/Vogue © The Condé Nast Publications Ltd; 103 Vogue © The Condé Nast Publications Ltd; 106 Cecil Beaton/Vogue © The Condé Nast Publications Inc; 107 Cecil Beaton/Vogue © The Condé Nast Publications Inc; 108 Carl Oscar August Erickson/Vogue © The Condé Nast Publications Inc; 109 Christian Bérard/Vogue © The Condé Nast Publications Inc; 110 Vogue © The Condé Nast Publications Ltd; 111 Carl Oscar August Erickson/Vogue © The Condé Nast Publications Inc; 115 Carl Oscar August Erickson/Vogue © The Condé Nast Publications Inc; 117 René Bouët-Willaumez/Vogue © The Condé Nast Publications Inc; 119 André Caillet/ © Fundació Dalí; 121 Raymond de Lavererie/Vogue © The Condé Nast Publications Inc; 122 Cecil Beaton/Vogue © The Condé Nast Publications Inc; 123 Philadelphia Museum of Art, Pennsylvania, PA, USA / Gift of Mme Elsa Schiaparelli, 1969 / The Bridgeman Art Library; 125 Vogue © The Condé Nast Publications Inc; 126-127 Christian Bérard/Vogue © The Condé Nast Publications Inc; 129 Salvador Dalí, Fundació Gala-Salvador Dalí, DACS, 2012/Philadelphia Museum of Art, Pennyslvania, PA, USA/Gift of Mme Schiaparelli, 1969/ The Bridgeman Art Library; 130 Erwin Blumenfeld/Vogue © The Condé Nast Publications Ltd; 131 Erwin Blumenfeld/Vogue © The Condé Nast Publications Ltd; 133 Christian Bérard/Vogue © The Condé Nast Publications Inc; 134 Courtesy of the Cecil Beaton Studio Archive at Sotheby's; 136 Christian Bérard/Vogue © The Condé Nast Publications Ltd; 137 Carl Oscar August Erickson/Vogue © The Condé Nast Publications Inc; 138 Cecil Beaton/Vogue © The Condé Nast Publications Inc; 139 © Ministère de la Culture – Médiathèque du Patrimoine, Dist. RMN/François Kollar; 142 Vogue © The Condé Nast Publications Inc; 144 Carl Oscar August Erickson/Vogue © The Condé Nast Publications Inc; 145 André Durst/Vogue © The Condé Nast Publications Ltd; 147 Christian Bérard/Vogue © The Condé Nast Publications Inc; 148 Vogue © The Condé Nast Publications Ltd; 152 © Lee Miller Archives, England 2012. All rights reserved. www.leemiller.co.uk; 153 Cecil Beaton/Vogue © The Condé Nast Publications Inc; 155 Horst P. Horst/ Vogue © The Condé Nast Publications Inc

---

Publishing Director Jane O'Shea
Creative Director Helen Lewis
Series Editor Sarah Mitchell
Designer Nicola Davidson
Editorial Assistant Romilly Morgan
Production Director Vincent Smith
Production Controller Leonie Kellman

For *Vogue*:
Commissioning Editor Harriet Wilson
Picture Researcher Bonnie Robinson

First published in 2012 by
Quadrille Publishing Limited
Alhambra House
27–31 Charing Cross Road
London WC2H 0LS
www.quadrille.co.uk

Text copyright © 2012 Condé Nast Publications Limited
Vogue Regd TM is owned by the Condé Nast Publications Ltd and is used under licence from it.

All rights reserved.
Design and Layout © 2012 Quadrille Publishing Limited

All rights reserved. No part of this book may be reproduced, stored in a retrieval system or transmitted in any form or by any means, electronic, electrostatic, magnetic tape, mechanical, photocopying, recording or otherwise, without the prior permission in writing of the publisher.

The rights of Judith Watt to be identified as the author of this work have been asserted by her in accordance with the Copyright, Design and Patents Act 1988.

Cataloguing in Publication Data: a catalogue record for this book is available from the British Library.

ISBN 978 1 84949 110 5

Printed in China

ガイアブックスは
地球の自然環境を守ると同時に
心と身体の自然を保つべく
"ナチュラルライフ"を提唱していきます。

著者：
ジュディス・ワット (Judith Watt)
ファッション史研究家。著述家、TVジャーナリストとしても活躍している。キングストン大学ファッションジャーナリズム、修士プログラムのコースディレクター。セントラル・セント・マーチンズ・カレッジ・オブ・アート・アンド・デザインでファッションコミュニケーションとプロモーションにおけるドレスの歴史について学士課程で教鞭をとっている。『the Penguin History of 20th Century Fashion Writing』編集を手掛けたほか、著書に『Ossie Clarke: 1965 – 1974』『Dogs in Vogue』がある。

翻訳者：
武田 裕子 (たけだ ひろこ)
名古屋大学文学部英語学科およびニューヨーク州立ファッション工科大学卒業。プラダジャパン（株）他でマーチャンダイザーとして勤務した後フリーランス翻訳者となり、現在はファッション・美容・建築分野の翻訳を手掛ける。訳書に、『シューズA-Z』『LIBERTYファブリックのクラフトづくり』（いずれもガイアブックス）ほか。

VOGUE ON ELSA SCHIAPARELLI
VOGUE ON エルザ・スキャパレリ

発　　　行　　2013年2月15日
発　行　者　　平野　陽三
発　行　元　　**ガイアブックス**
　　　　　　　〒169-0074 東京都新宿区北新宿 3-14-8
　　　　　　　TEL.03 (3366) 1411　FAX.03 (3366) 3503
　　　　　　　http://www.gaiajapan.co.jp

発　売　元　　産調出版株式会社

Copyright SUNCHOH SHUPPAN INC. JAPAN2013
ISBN978-4-88282-858-7 C0077

落丁本・乱丁本はお取り替えいたします。
本書を許可なく複製することは、かたくお断わりします。
Printed in China